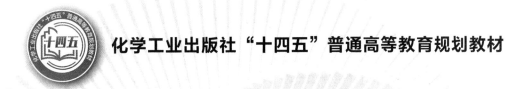

化学工业出版社"十四五"普通高等教育规划教材

水污染控制工程实验教程

李桂贤 余 韬 李 怡 李先鹏 主编

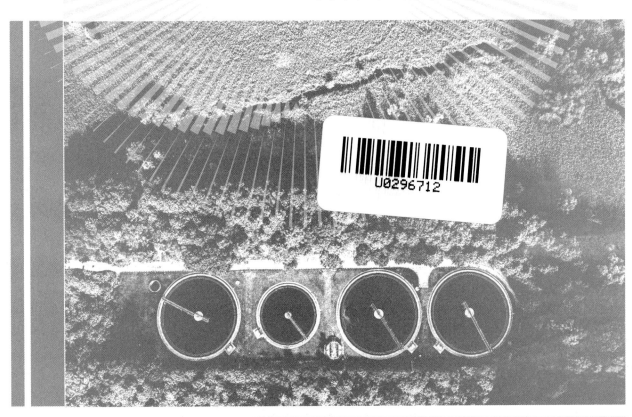

化学工业出版社
·北京·

内 容 简 介

　　《水污染控制工程实验教程》是根据编者多年从事环境科学与工程教学的经验，在充分吸收和借鉴近年来出版的相关教材的优点，适当反映环境科学与工程学科取得的新成果的基础上编写而成。本书的主要内容包括：水污染控制工程基础理论要点，水污染控制工程实验基础知识，水污染控制工程基础性实验、设计性实验、综合性实验、仿真实验。本书附有复习思考题，便于学生自学和总结。

　　本书可作为高等学校环境工程、生态工程、环境科学、环境科学与工程等环境类专业的教材。

图书在版编目（CIP）数据

　　水污染控制工程实验教程/李桂贤等主编．—北京：化学工业出版社，2023.8

　　化学工业出版社"十四五"普通高等教育规划教材

　　ISBN 978-7-122-43413-5

　　Ⅰ．①水…　Ⅱ．①李…　Ⅲ．①水污染-污染控制-实验-高等学校-教材　Ⅳ．①X520.6-33

　　中国国家版本馆 CIP 数据核字（2023）第 085876 号

责任编辑：刘丽菲　　　　　　　　　文字编辑：杨振美
责任校对：李雨函　　　　　　　　　装帧设计：张　辉

出版发行：化学工业出版社（北京市东城区青年湖南街 13 号　邮政编码 100011）
印　　　装：三河市双峰印刷装订有限公司
787mm×1092mm　1/16　印张 8　字数 163 千字　　2023 年 12 月北京第 1 版第 1 次印刷

购书咨询：010-64518888　　　　　　　　售后服务：010-64518899
网　　　址：http://www.cip.com.cn
凡购买本书，如有缺损质量问题，本社销售中心负责调换。

定　　价：32.00 元

前言

党的十八大将生态文明建设纳入中国特色社会主义事业"五位一体"总体布局中，大力推进生态文明建设。党的十九大报告提出"加快生态文明体制改革，建设美丽中国"。党的二十大报告提出"必须牢固树立和践行绿水青山就是金山银山的理念，站在人与自然和谐共生的高度谋划发展"，开启了我国生态文明建设的新征程。"水污染控制工程"是高等学校环境类专业的一门主干必修专业课和学位课程，学生应掌握重要概念、理论、规律以及实验手段。水污染控制工程课程的多学科交叉性、实践性、时代性和前沿性都很突出，课程涉及知识面较宽，兼具理科和工科的特点：交叉性方面，包含基础化学、基础物理学、环境微生物学、生物化学、水力学、工程学、环境监测、水污染控制技术等知识；实践性方面，配套大量相应的实践教学环节（教学实验、创新实验、实习、课程设计）；时代性和前沿性方面，课程紧密结合水环境污染的变迁、相关领域技术的发展和社会对人才培养的要求。

水污染控制工程实验是"水污染控制工程"课程教学的重要环节，通过实验使学生掌握污水处理的基本工作原理、工艺流程和主要工艺单元组成，提高学生在工程技术运用中的动手操作能力，为以后走上工作岗位，参加实际工程的设计、运营及研发打下坚实的基础。

本书根据教育部环境科学与工程类专业的课程设置指导意见，参考国内外环境科学与工程学的相关文献，结合我国新修订的相关标准、规范，根据编者多年从事环境科学与工程类专业教学的经验，在充分吸收和借鉴近年来出版的相关教材的优点，适当反映环境科学与工程学科取得的新成果的基础上编写而成。编写力求做到概念清晰、内容精练、准确易学。教材的主要内容包括：水污染控制工程基础理论要点，水污染控制工程实验基础知识，水污染控制工程基础性实验、设计性实验、综合性实验、仿真实验。本书附有复习思考题，便于学生自学和总结。由于不同院校学科专业设置的侧重点各不相同，读者可根据各自学科专业特点，在具体的教学过程中对教学内容做适当的取舍。本书可作为高等学校环境工程、生态工程、环境科学、环境科学与工程等环境类专业的教材。

　　本书具体编写分工如下：第 1 章由贵州理工学院的张伊编写；第 2 章由贵州理工学院的方宏萍编写；第 3 章 3.1 节、附录第一部分由贵州理工学院的李桂贤编写；第 3 章 3.2 节由贵州理工学院的李怡编写；第 3 章 3.3 节由贵州理工学院的余韬编写；第 3 章 3.4 节由贵州理工学院的张维编写；附录第二部分由贵州城市职业学院的李先鹏编写；贵州理工学院王卓、谭华锋、于晓红参与了部分资料整理和图件绘制工作。全书由李桂贤统稿。

　　本书的编写工作得到了环境科学与工程界、化学工程界多位专家、学者和同行的帮助与指导，编写过程中参考了许多单位及个人的科研成果与技术总结、相应的国家规范及行业规范等，并得到了参编单位以及化学工业出版社的大力支持和帮助，在此一并表示感谢。

　　由于编者水平有限，书中难免存在不足之处，恳请广大读者批评指正。

编者

2023 年 3 月

目录

1

水污染控制工程基础理论要点

1.1 水污染控制概述

自然水体是人类可持续发展的宝贵资源，人类及其赖以生存的生态环境都需要有充足洁净的水源才能得以持续和发展。人类的生命需要用清洁的水维系，人类的生产生活需要消耗大量的水，农作物更是离不开水，而与人类息息相关的生态环境也不能没有水。因此必须减少对水体的污染，实现对水污染的控制。

1.1.1 水污染控制工程的主要目标

人类从自然界取水、净水、供水、使用，到使用后污水的收集、处理、排放的过程，构成了人类用水的社会循环。保障人类社会对用水的持续需求和用水水质的安全性是水污染控制工程的主要目标，具体包括以下三点。

① 确保地面水和地下水饮用水水源地的水质，为向居民供应安全可靠的饮用水提供保障。

② 恢复各类水体的使用功能和生态环境，确保自然保护区、珍稀濒危水生动植物保护区、水产养殖区、公共游泳区、水上娱乐体育活动区、工业用水取水区和农业灌溉等水质，为经济建设提供合格的水资源。

③ 保持景观水体的水质，美化人类居住区的环境。

1.1.2　水污染防治的主要内容和任务

① 制定区域、流域或城镇的水污染防治规划。在调查分析现有水环境质量及水资源利用需求的基础上，明确水污染防治的任务，制定相应的防治措施。

② 加强对污染源的控制，包括对工业、城市居民区、禽畜养殖业等点污染源，以及城市暴雨径流、农田径流等面污染源的控制。在工业企业中推行清洁生产，有效减少污染排放。

③ 对各类废水进行妥善的收集和处理，建设完善的排水管网及污水处理厂，使污水排入水体前达到排放标准。

④ 开展水处理工艺的研究，满足不同水质、不同水环境的处理要求。

⑤ 加强对水环境和水资源的保护，采取法律、行政、技术等一系列措施，使水环境和水资源免受污染。

1.2　不溶态污染物分离方法

不溶态污染物分离是利用各种方法将水中所含的污染物分离出来，或将其转化为无害的物质，从而使污水得以净化的分离过程。按作用原理，可将不溶态污染物与水分离的过程分为物理和机械性质的分离。

1.2.1　重力沉降法

在重力作用下，使悬浮液中密度大于水的悬浮固体下沉，从而与水分离的水处理方法，称为重力沉降法。重力沉降法的去除对象主要是悬浮液中粒径在 $10\mu m$ 以上的可沉固体，即在 2h 左右的自然沉降时间内能从水中分离出去的悬浮固体。

按照处理目的不同，重力沉降法可分为以获得澄清水为目的的沉淀（当悬浮物为絮凝产物时称为澄清）和以获得高浓度污泥为目的的浓缩。重力沉降法既可以作为唯一的处理工序用于只含悬浮固体的废水处理，又可以作为处理系统中的某一工序，与其他处理单元配合使用。

根据水中悬浮固体浓度的高低、固体颗粒絮凝性能（即彼此黏结、团聚的能力）的强弱，沉降可分为以下四种类型。

（1）自由沉降

自由沉降也称为离散沉降。这是一种非絮凝性或弱絮凝性固体颗粒在稀悬浮液中的沉降。由于悬浮固体浓度低，而且颗粒之间不发生聚集，因此在沉降过程中颗粒的形状、粒径和密度都保持不变，互不干扰地各自独立完成匀速沉降过程。固体颗粒在沉砂池及初次沉淀池内的初期沉降就属于这种类型。

（2）絮凝沉降

这是一种絮凝性固体颗粒在稀悬浮液中的沉降。虽然悬浮固体浓度也不高，但颗粒在沉降过程中接触碰撞时能互相聚集为较大的絮体，因而颗粒粒径和沉降速度随沉降时间的延续而增大。颗粒在初次沉淀池内的后期沉降及生化处理中污泥在二次沉淀池内的初期沉降就属于这种类型。

（3）成层沉降

成层沉降也称集团沉降、区域沉降或拥挤沉降。这是一种固体颗粒（特别是强絮凝性颗粒）在较高浓度悬浮液中的沉降。由于悬浮固体浓度较高，颗粒彼此靠得很近，吸附力将促使所有颗粒聚集为一个整体，但各自保持不变的相对位置共同下沉。此时，水与颗粒群体之间形成一个清晰的泥水界面，沉降过程就是这个界面随沉降历时下移的过程。生化处理中污泥在二次沉淀池内的后期沉降和在浓缩池内的初期沉降就属于这种类型。

（4）压缩（沉降）

当悬浮液中的悬浮固体浓度很高时，颗粒之间便互相接触，彼此上下支承。在上层颗粒的重力作用下，下层颗粒间隙中的水被挤出，颗粒不断靠近，颗粒群体被压缩。生化污泥在二次沉淀池和浓缩池内的浓缩过程就属于这种类型。

1.2.2 混凝澄清法

混凝就是在混凝剂的离解和水解产物作用下，水中的胶体污染物和细微悬浮物脱稳并聚集为具有可分离性的絮凝体的过程，其中包括凝聚和絮凝两个过程，统称混凝。

混凝澄清法是指利用混凝剂的作用，使废水中的胶体和细微悬浮物凝聚为絮凝体，然后将其分离除去的水处理方法。

胶体粒子和细微悬浮物的粒径分别为 $1\sim100nm$ 和 $100\sim10000nm$。由于布朗运动、水合作用，尤其是微粒间的静电斥力等原因，胶体和细微悬浮物能在水中长期保持悬浮状态，静置而不沉。因此，胶体和细微悬浮物不能直接用重力沉降法分离，应首先投加混凝剂来破坏其稳定性，使其相互聚集为数百微米以至数毫米的絮凝体，才能用沉降、过滤和气浮等常规固液分离法予以去除。

混凝澄清法是给水和废水处理中应用非常广泛的方法。该方法既可以降低原水的浊度、色度等指标，又可以去除多种有毒有害污染物；既可以自成独立的处理系统，又可以与其他单元过程组合，作为预处理、中间处理和最终处理过程，还经常用于污泥脱水前的浓缩过程。

1.2.3　浮力浮上法

借助于水的浮力，使水中不溶态污染物浮出水面，然后用机械加以刮除的水处理方法统称为浮力浮上法。根据分散相物质的亲水性强弱和密度大小，以及由此产生的不同处理机理，浮力浮上法可分为自然浮上法、气泡浮升法和药剂浮选法三类。

如果水中的粗分散相物质是相对密度小于 1 的强疏水性物质，就可以依靠水的浮力使其自发地浮升到水面，这就是自然浮上法。由于自然浮上法主要用于粒径大于 $50 \sim 60 \mu m$ 的可浮油的分离，因而常称为隔油。如果分散相物质是乳化油或弱亲水性悬浮物，就需要在水中产生细微气泡，使分散相粒子黏附于气泡上一起浮升到水面，这就是气泡浮升法，简称气浮。如果分散相物质是强亲水性物质，就应首先投加浮选药剂，将粒子的表面性质转变成疏水性的，再用气浮法加以除去，这就是药剂浮选法，简称浮选。

1.2.4　不溶态污染物分离方法在环境工程中的应用

在水污染控制工程中，不溶态污染物分离方法得到了多方面的应用，该方法属纯物理性质或机械性质，其目的在于去除那些在性质或大小上不利于后续处理的物质，处理方法包括筛滤截留、重力分离（自然沉降、自然浮上和气浮等）和离心分离。

筛滤去除对象包括废水中粗大的悬浮物和杂物，以保护后续处理设施，主要设备包括格栅和筛网。不论何种废水，在送入水泵和主体构筑物之前，均需设置格栅以拦截较大杂物，设置筛网以截留较细悬浮物。

1.3　污染物的生物化学转化技术

污染物的生物化学转化技术利用生物化学反应的作用去除水中杂质，处理对象主要是污水中的有机物、胶体物质。

1.3.1　活性污泥法

活性污泥法是废水生物处理的一种主要方法。该方法以废水中有机污染物作为培养基（底物），在有氧条件下，对各种微生物群体进行混合连续培养，形成活性污泥，利用活性污泥在废水中的凝聚、吸附、氧化、分解和沉淀等作用过程，去除废水中有机污染物，使废水得到净化。活性污泥法目前已成为城市污水和有机工业废水最有效的生物处理法，应用非常普遍，是应用最为广泛的水处理技术之一。

1.3.2　生物膜法

　　污水的生物膜处理法是与活性污泥法并列的一种污水好氧生物处理技术。这种处理方法的实质是使细菌和真菌类的微生物、原生动物和后生动物类的微型动物附着在填料或某些载体上生长繁育，并在其上形成膜状生物污泥——生物膜，借助附着在填料（或滤料、载体）上的生物膜的作用，在好氧或厌氧条件下，降解污水中的有机物，使污水得以净化。该方法主要用于从污水中去除溶解性有机污染物，对水质、水量变化的适应性较强，污染物去除效果好，是一种被广泛采用的生物处理方法。该方法可单独应用，也可与其他污水处理工艺组合应用。

　　生物膜是指附着在惰性载体表面生长的，以微生物为主，由微生物及其产生的胞外聚合物和吸附在微生物表面的无机物及有机物等组成，并具有较强的吸附和生物降解性能的结构。生物膜代表了一类微生物群体，它是一种稳定的由微生物细胞、胞外聚合物和其他非生物物质组成的复杂混合物的微生态系统。生物膜在载体表面分布的均匀性及生物膜的厚度都会随着污水中营养底物浓度、时间和空间的改变而发生变化。

1.3.3　厌氧生物处理法

　　厌氧生物处理是在没有分子氧及化合态氧存在的条件下，兼性细菌与厌氧细菌降解和稳定有机物的生物处理方法。在厌氧生物处理过程中，复杂的有机物被降解、转化为简单的化合物，同时释放能量。在这个过程中，有机物的转化分为三部分：一部分转化为甲烷，这是一种可燃气体，可回收利用；还有一部分被分解为二氧化碳、水、氨、硫化氢等无机物，并为细胞合成提供能量；少量有机物则被转化、合成为新的细胞物质。由于仅少量有机物用于合成，因此相对于好氧生物处理，厌氧生物处理的污泥增长率小得多。

　　厌氧生物处理过程由于不需另外提供电子受体，因此运行费用低。此外，该方法还具有剩余污泥量少、可回收能量（甲烷）等优点；其主要缺点是反应速率较慢、反应时间较长、处理构筑物面积大等。通过对新型构筑物的研究开发，其容积可缩小，但为维持较高的反应速率，必须维持较高的温度，因此要消耗能源。有机污泥和高浓度有机污水［一般五日生化需氧量（BOD_5）$>2000mg/L$］可采用厌氧生物处理法进行处理。

1.3.4　污染物的生物化学转化技术在环境工程中的应用

　　人类生产和生活中会产生大量污水，这些污水如果得不到妥善的处理，将会对环境产生很大的影响。污水处理是一种水的净化过程，其目标是使污水达到一定的排放或再利用标准。所以，污水处理在实际环境污染治理中起着至关重要的作用。

常规的置换、过滤等方法不能完全提高水质。利用生物化学转化技术则可以有效地将水中的污染物分解成对人体无害的物质，同时又可以防止二次污染，对水体进行有效的治理，实现水资源的持续利用。

作为近年来迅速发展起来的一项重要技术，污染物的生物化学转化技术的不断发展和革新极大地开拓了生态环境治理的新途径。在环境工程中，运用污染物的生物化学转化技术对环境污染物进行消解和清除取得了良好的效果。另外，由于采用了生物抑制剂，该技术对生态系统的整体平衡没有负面影响，而且对环境的损害很小，因此，该技术的应用效果非常显著。在环保领域，污染物的生物化学转化技术总体上表现出较为显著的优越性，有着广阔的应用前景。

1.4　污染物的化学转化技术

污染物的化学转化技术是通过化学反应改变废水中污染物的化学性质或物理性质，使其从溶解、胶体或悬浮状态转变为沉淀或漂浮状态，或从固态转变为气态，进而从水中去除的处理技术。

1.4.1　中和法

中和法是利用碱性药剂或酸性药剂将废水从酸性或碱性调节到中性的一类处理方法。工业废水处理中，中和处理既可以作为主要的处理单元，也可以作为其他单元操作的预处理措施。

1.4.1.1　酸、碱废水的来源与危害

酸性工业废水和碱性工业废水来源广泛。酸性工业废水主要来源于化工化纤厂、电镀厂、煤加工厂及金属酸洗车间等。酸性物质有无机酸和有机酸，酸性工业废水的含酸浓度差别很大，从小于1%到10%以上。碱性工业废水主要来源于印染厂、金属加工厂、炼油厂、造纸厂等，碱性物质包括有机碱和无机碱，含碱浓度可高达百分之几。酸、碱废水中除含酸或碱外，还可能含有酸式盐、碱式盐，以及其他无机物和有机物。

酸具有腐蚀性，能够腐蚀钢管、混凝土、纺织品，烧灼皮肤，还能改变环境介质的pH值；碱所造成的危害较小。将酸性和碱性废水随意排放，不但会造成极大的浪费，而且会造成水环境污染、管道腐蚀、农作物毁坏、危害渔业生产以及影响生物处理系统的正常运行。因此，对于酸性或碱性废水，应当首先考虑回收和综合利用；当必须排放

时，需要进行无害化处理。

工业废水中所含酸（碱）的量往往相差很大，因而有不同的处理方法。含酸量大于5%～10%的高浓度含酸废水，常称为废酸液；含碱量大于3%～5%的高浓度含碱废水，常称为废碱液。对于废酸液、废碱液，可因地制宜采用适当方法回收其中的酸和碱，或者进行综合利用。例如，用蒸发浓缩法回收苛性钠（氢氧化钠），用扩散渗析法回收钢铁酸洗废液中的硫酸，利用钢铁酸洗废液作为制造硫酸亚铁、氧化铁红、聚合硫酸铁的原料等。对于酸或碱含量较低（例如小于3%）的酸性废水或碱性废水，由于其酸、碱含量低，回收价值不大，常采用中和法处理，使其达到排放要求。

此外，还有一种与中和处理法相似的处理操作，就是为了某种需要，将废水的pH调整到某一特定值（范围），这种处理操作称为pH调节。若将pH由中性或酸性调至碱性，称为碱化；若将pH由中性或碱性调至酸性，称为酸化。

废水处理中出现下列情况时，可进行中和处理或pH调节：

① 废水pH超过排放标准，为减少对受纳水体水生生物的影响，应进行中和处理；

② 废水排入城市下水道系统前，为避免对管道系统的腐蚀，应进行中和处理；

③ 在化学处理或生物处理之前，有些化学处理法（例如混凝）要求废水的pH升高或降低到某个最佳值，生物处理要求废水的pH应在某一范围内，应对废水进行pH调节。

1.4.1.2 中和方法

酸性废水的中和方法有药剂中和法、过滤中和法及利用碱性废水和废渣的中和法。碱性废水的中和方法则有药剂中和法及利用酸性废水或废气中和等方法。

选择中和方法时，应考虑下列因素：

① 含酸或含碱废水所含酸类或碱类的性质和浓度、水量及其变化规律；

② 应寻找能就地取材的酸性或碱性废料，并尽可能加以利用；

③ 本地区中和药剂和滤料（如石灰石、白云石等）的供应情况；

④ 接纳废水水体性质，城市下水道能容纳废水的条件，后续处理（如生物处理）对pH的要求，等等。

1.4.2 化学沉淀法

化学沉淀法是指向废水中投加某些化学药剂（沉淀剂），使之与废水中溶解态的污染物直接发生化学反应，形成难溶的固体沉淀物，然后进行固液分离，从而去除水中污染物的一种处理方法。

废水中的重金属（如汞、镉、铅、锌、镍、铬、铁、铜等）、碱土金属（如钙和镁）及某些非金属（如砷、氟、磷、硫、硼）均可通过化学沉淀法去除，某些有机污染物也可通过化学沉淀法去除。

化学沉淀法的工艺过程通常包括：

① 投加化学沉淀剂，与水中污染物反应，使其生成难溶的沉淀物而析出；

② 通过凝聚、沉降、上浮、过滤、离心等方法进行固液分离；

③ 泥渣的处理和回收利用。

化学沉淀的基本过程是难溶电解质的沉淀析出，其溶解度大小与溶质本身性质、温度、沉淀颗粒的大小及晶型等有关。在废水处理中，根据沉淀-溶解平衡移动的一般原理，可利用过量投药、防止络合、沉淀转化、分步沉淀等方法提高处理效率，回收有用物质。

根据使用的沉淀剂的不同，化学沉淀法可分为氢氧化物沉淀法、硫化物沉淀法、钡盐沉淀法等。

1.4.3 氧化还原法

氧化还原法是通过药剂与污染物的氧化还原反应，把废水中的有毒有害污染物转化为无毒或微毒物质的处理方法。废水中有机污染物的色、嗅、味、化学需氧量（COD），及还原性无机离子（CN^-、S^{2-}、Fe^{2+}、Mn^{2+} 等），可通过氧化法消除其危害；而废水中的许多重金属离子，如汞、镉、铜、银、金、镍离子以及六价铬离子等，可通过还原法去除。

废水处理中常用的氧化剂有空气、臭氧、过氧化氢、氯气、二氧化氯、次氯酸钠和漂白粉等；常用的还原剂有硫酸亚铁、亚硫酸氢钠、硼氢化钠、水合肼及铁屑等。在电解氧化还原法中，电解槽的阳极可作为氧化剂，阴极可作为还原剂。

投药氧化还原法的工艺过程及设备比较简单，通常只需一个反应池，若有沉淀物生成，尚需进行固液分离及泥渣处理。

1.4.4 化学消毒法

化学消毒法是用化学消毒剂与有毒物质作用，改变有毒物质的化学性质，使之成为无毒或低毒物质的方法。

① 中和消毒法：利用酸碱中和反应原理达到消毒的目的。

② 氧化还原消毒法：利用氧化还原反应原理达到消毒的目的。

③ 催化消毒法：利用催化原理，使催化剂与有毒物质发生作用，使有毒物质加速生成低毒或无毒的物质，从而达到消毒的目的。

1.4.5 污染物的化学转化技术在环境工程中的应用

环境工程中污染物的化学转化技术的实质就是一种绿色化学技术，是利用化学原理以减少对生态环境或人体健康具有威胁性的有害物质的产生，并将反应物变成无毒、无害、无污染的物质，以达到治理环境污染、实现节能环保的目的。化学转化技术具有以下特征。第一，所使用的原材料均为无毒、无害的新型材料，以保证在使用的过程当中不会污染环境，而且还能减少环境污染，从根源上治理污染。第二，对环境要求较高。为保证化学反应的无毒、无害、无污染和零排放，必须保证反应环境的无毒、无害和安全性。第三，可实现资源的重复利用。例如对于染料行业中的有机污染物如蒽醌、三苯甲烷以及含氮染料等，在有氯离子存在的条件下进行电化学氧化，废水的脱色率可达99%，此法还可用于处理含酚、含油、含菌的废水。化学转化技术处理后的物质无毒、无害、无污染，所以处理达标后的水可再次投入使用，可以有效提高资源利用率，有利于可持续发展。

1.5 溶解态污染物的物理化学分离技术

1.5.1 吸附法

水处理中的吸附法，主要是指利用固体吸附剂的物理吸附和化学吸附性能去除废水中多种污染物的过程。水中一些剧毒的和难以生物降解的污染物，采用吸附能有效地去除，经处理后的出水水质好，并且比较稳定。随着排放标准的日趋严格，主要用于废水深度处理的吸附法，已经逐步成为一项不可缺少的工艺技术。

在相界面上，物质的浓度自动发生积累或浓集的现象，称为吸附。吸附作用可以发生在各种不同的相界面上，但在废水处理中，主要是利用固体物质表面对废水中物质的吸附作用。在吸附过程中，具有吸附能力的多孔性固体物质称为吸附剂，而废水中被吸附的物质称为吸附质。

1.5.2 离子交换法

离子交换法是利用固相离子交换剂功能基团所带的可交换离子，与接触交换剂的溶液中电性相同的离子进行交换反应，以达到离子的置换、分离、去除、浓缩等目的。离子交换过程也可以看成一种特殊吸附过程，所以在许多方面都与吸附过程类似。

1.5.3 膜分离法

利用具有选择透过性的薄膜，在外界能量或化学势差推动下，对双组分或多组分溶质和溶剂进行分离、提纯、浓缩的方法，统称为膜分离法。溶剂透过膜的过程称为渗透，溶质透过膜的过程称为渗析。常用的膜分离方法有渗析、电渗析、反渗透、超滤等。

近年来，膜分离技术发展速度极快，在污水处理、化工、生化、医药、造纸等领域得到了广泛应用。根据膜的种类及推动力不同，将常用膜分离方法及其特点列于表1-1。

表 1-1　常用膜分离方法及其特点

方法	推动力	传质机理	透过物质及其大小	截留物	膜类型
渗析 （D）	浓度差	溶质扩散	低分子物质、离子 （0.004～0.15μm）	溶剂， 分子量>1000	非对称膜、 离子交换膜
电渗析（ED）	电位差	电解质离子 选择性透过	溶解性无机物 （0.004～0.1μm）	非电解质、 大分子物质	离子交换膜
微滤 （MF）	压力差 （<0.1MPa）	筛分	水、溶剂和溶解物	悬浮颗粒、纤维 （0.02～10μm）	多孔膜、 非对称膜
超滤 （UF）	压力差 （0.1～1.0MPa）	筛滤及表面作用	水、盐及低分子有机物 （0.005～10μm）	胶体大分子、 不溶的有机物	非对称膜
纳滤（NF）	压力差 （0.5～2.5MPa）	离子大小或电荷	水、溶剂（<1nm）	溶质（>1nm）	复合膜
反渗透（RO）	压力差 （2～10MPa）	溶剂的扩散	水、溶剂（0.0004～0.06μm）	溶质、盐、悬浮物 （SS）、大分子、 离子	非对称膜 或复合膜
渗透汽化（PV）	分压差、 浓度差	溶解、扩散	易溶解或易挥发组分	不易溶解组分、 较大较难挥发物质	均质膜 或复合膜
液膜（LM）	化学反应和 浓度差	反应促进和扩散	电解质离子	溶剂（非电解质）	液膜

1.5.4　溶解态污染物的物理化学分离技术在环境工程中的应用

环境工程是防治环境污染和提高环境质量的科学技术。环境工程同生物学中的生态学、医学中的环境卫生学和环境医学，以及环境物理学和环境化学关系密切。环境工程的核心是污染治理。采用溶解态污染物的物理化学分离技术治理水污染，以及充分利用环境自净能力，以防止、减轻直至消除水体污染，保持和改善水环境质量，就成为水污染防治工程的主要任务。

复习思考题

（1）沉淀法的基本原理是什么？影响沉淀或浮上的因素有哪些？

（2）在废水处理中，气浮法与沉淀法相比，各有何优缺点？

（3）胶体混凝的原理是什么？影响混凝的因素有哪些？

（4）离子交换法处理工业废水的特点有哪些？

（5）什么是活性污泥？其主要特征有哪些？

（6）活性污泥法的基本概念和基本流程有哪些？

（7）什么是生物膜法？生物膜成熟的标志是什么？生物膜法具有哪些特点？

2
水污染控制工程实验基础知识

2.1 水样的采集、保存、管理与运输

采集的水样必须具有代表性和完整性，即在规定的采样时间、地点，用规定的方法，采集符合被测对象真实情况的样品。为此，开展水污染防治需要了解被测对象采集、保存、管理运输及预处理的相关规范或要求，选择合适的采样位置、采样时间、采样以及运输和保存方法。

水污染控制涉及水体污染防治、点源污染治理以及实验室的实验研究等，研究对象的特征差异性大，因而水样的采集也各有特点。如河流、湖泊、水库的监测水样需在设置的监测断面上采取；工业污染源中第一类污染物水样应在车间排放口采取混合样，而第二类污染物水样应在企业污染排放口采取；实验室小试的出水最好收集全部出水的混合样，而不是取短时或瞬时出水样；等等。

为确保水样的代表性和完整性，国家对水和废水监测的布点与采样、监测项目与相应的监测分析方法等制定了系列规范，如《地表水环境质量监测技术规范》（HJ 91.2—2022）、《水质 采样技术指导》（HJ 494—2009）、《水质 采样方案设计技术规定》（HJ 495—2009）、《水质 样品的保存和管理技术规定》（HJ 493—2009）、《水质 湖泊和水库采样技术指导》（GB/T 14581—1993）、《地下水环境监测技术规范》（HJ 164—2020）和《水污染物排放总量监测技术规范》（HJ/T 92—2002）等，为采样点设置、采样、水样的运输和保存制定了规范性的操作方法。对于非环境监测的水污染防治

研究，水样采取的频次可以不受上述规范、规定的限制，但采样点位和采样断面设置、水样采取、水样管理运输和保存应遵循上述规范、规定的要求。

2.1.1 水样的采集

2.1.1.1 水样的类型

（1）瞬时水样

瞬时水样是指在某一时间和地点从水体中随机采集的分散水样。当水体水质稳定，或其组分在相当长的时间或相当大的空间范围内变化不大时，瞬时水样具有很好的代表性；当水体组分及含量随时间和空间变化时，就应隔时、多点采集瞬时水样，分别进行分析，摸清水质的变化规律。

（2）混合水样

混合水样是指在同一采样点于不同时间所采集的瞬时水样的混合样，有时称"时间混合水样"，以与其他混合水样相区别。这种水样在观察平均浓度时非常有用，但不适用于被测组分在贮存过程中发生明显变化的水样。

如果水的流量随时间变化，必须采集流量比例混合样，即在不同时间依照流量大小按比例采集的混合样。可使用专用流量比例采样器采集这种水样。

（3）综合水样

把不同采样点同时采集的各个瞬时水样混合后所得到的样品称为综合水样。这种水样在某些情况下更具有实际意义。例如，当为几条排污河、渠建立综合污水处理厂时，以综合水样取得的水质参数作为设计的依据更为合理。

2.1.1.2 地表水监测采样断面和采样点的设置

地表水因水体规模较大，且受气候气象、地形地貌、城乡分布、社会经济、生态环境等众多因素的影响，其采取水样的代表性受采样断面设置、采样频次、采样方法等影响。为此，需要做好相应的断面设置和科学规划设计。

（1）布点前的调查研究和资料收集

样本的代表性首先取决于采样断面和采样点的代表性。为了合理地确定采样断面和采样点，必须做好调查研究和资料收集工作。其内容包括：水体的水文、气候、地质、地貌特征；水体沿岸城市分布和工业布局，污染源分布与排污情况，城市的给排水情况，等等；水体沿岸的资源（包括森林、矿产、土壤、耕地、水资源）现状，特别是植被破坏和水土流失情况；水资源的用途、饮用水水源分布和重点水源保护区；实地勘察现场的交通状况、河宽、河床结构、岸边标志等；收集原有河段设置断面的水质分析资料。

（2）监测采样断面的设置原则

水质监测及采样断面在宏观上要能反映水系或所在区域的水环境质量状况，尤其是所在区域环境的污染特征，尽可能以最少的断面获取足够的有代表性的环境信息，同时还需考虑实际采样时的可行性和方便性。具体设置原则如下。

① 对流域或水系要设立背景断面、控制断面（若干）。在各控制断面下游，如果河段有足够长度（至少 10km），还应设消减断面。

② 根据水体功能区设置控制采样断面，同一水体功能区至少要设置 1 个采样断面。

③ 断面位置应避开死水区、回水区、排污口处，尽量选择顺直河段和河床稳定、水流平稳、水面宽阔、无急流、无浅滩处。

④ 采样断面应力求与水文测流断面一致，以便利用其水文参数，实现水质监测与水量监测的结合。

（3）监测采样断面的设置方法

① 一个水系或一条较长河流中监测采样断面的设置

a. 背景断面的设置。背景断面要能反映水系未受污染时的背景值。要求基本上不受人类活动的影响，远离城市居民区、工业区、农药化肥施放区及主要交通路线。原则上应设在水系源头处或未受污染的上游河段，如选定断面处于地球化学异常区，则要在异常区的上、下游分别设置。如有较严重的水土流失情况，则设在水土流失区的上游。

b. 对照断面。具体判断某一区域水环境污染程度时，该区域所有污染源上游处，能反映这一区域水环境本底值的监测断面。

c. 控制断面。控制断面用来反映某排污区（口）排放的污水对水质的影响。应设置在排污区（口）的下游，污水与河水基本混匀处。控制断面的数量、控制断面与排污区（口）的距离可根据以下因素决定：主要污染区的数量及其间的距离、各污染源的实际情况、主要污染物的迁移转化规律和其他水文特征等。此外，还应考虑对纳污量的控制程度，即由各控制断面所控制的纳污量不应小于该河段总纳污量的 80%。

d. 消减断面。废水、污水汇入河流，流经一定距离与河水充分混合后，水中污染物的浓度因河水的稀释作用和河流本身的自净作用而逐渐降低。消减断面即为其左、中、右三点浓度差异较小的断面。如在此行政区域内河流有足够长度，则应设消减断面。消减断面主要反映河流对污染物的稀释净化情况，应设置在控制断面下游主要污染物浓度有显著下降处。

e. 出境断面。出境断面用来反映水系进入下一行政区域前的水质。因此应设置在本区域最后一个污水排放口下游，并尽可能靠近水系出境处。出境断面污水与河水已基本混匀。如在此行政区域内，河流有足够长度，则应设消减断面。

f. 省（自治区、直辖市）交界断面。省（自治区、直辖市）内主要河流的干流、一级支流、二级支流的交界断面，是环境保护管理的重点断面。

g. 其他各类监测采样断面的设置按照以下要求执行。

（a）水系的较大支流汇入干流的河口处或者入海口，湖泊、水库以及主要河流的出、入口应设置监测断面。

（b）国际河流流出、流入国境的交界处应设置出境断面和入境断面。

（c）省（自治区、直辖市）间主要河流的交界处设置断面。

② 流经城市和工业区的河段上监测采样断面的设置

流经城市和工业区的河段一般应设四种类型的监测断面，即对照断面、控制断面、消减断面和出境断面。

a. 对照断面。为了解河流入境前的水体水质状况，应在河流进入城市或工业区以前的地方，避开工业废水和生活污水的流入或回流处设置对照断面。一个河段只设一个对照断面。

b. 控制断面。一个河段上控制断面的数目应根据城市的工业布局和排污口分布情况而定。断面设置应考虑的原则与上述水系、河流的控制断面设置原则相同。

一般认为，重要排污口下游的控制断面应设在距排污口 500～1000m 处，因为在排污口的污染带下游 500m 横断面上的 1/2 宽度处重金属浓度常出现高峰值；有支流汇入，并且上游和支流上都有城市或污染源的河段。

c. 消减断面。一般认为，消减断面应设在城市或工业区最后一个排污口下游 1500m 外的河段上。对于一些水量小的小河流，可根据具体情况确定消减断面的位置。

d. 出境断面。参见一个水系或一条较长河流中出境断面的设置。

③ 潮汐河流监测采样断面的设置

a. 潮汐河流监测断面的设置原则与其他河流相同。设有防潮桥闸的潮汐河流，根据需要在桥闸上游设置断面。

b. 根据潮汐河流水文特征，潮汐河流的对照断面一般设在潮区界以上。若潮区界在该城市管辖区域之外，则在城市河段上游设置 1 个对照断面。

c. 潮汐河流监测断面应设置在水面退平时可采集到地表水（盐度小于 0.2%）样品处，当河流水量减少，长期在水面退平时不能采集到地表水（盐度小于 0.2%）样品时应调整断面。

④ 湖泊、水库监测断面的设置

a. 湖泊、水库通常只设监测垂线，如有特殊情况可参照河流的有关规定设置监测断面。

b. 湖（库）区的不同水域，如进水区、出水区、深水区、浅水区、湖心区、岸边区，按水体类别设置监测垂线。

c. 湖（库）区若无明显功能区别，可用网格法均匀设置监测垂线。

d. 监测垂线上采样点的布设一般与河流的规定相同，但有可能出现温度分层现象时，应做水温、溶解氧的探索性实验后再定。

e. 受污染物影响较大的重要湖泊、水库，应在污染物主要输送路线上设置控制断面。选定的监测断面或监测垂线均应经生态环境行政主管部门审查确认，并在地图上标明准确位置，在岸边设置固定标志。断面一经确认即不准任意变动，确需变动时需经生态环境行政主管部门审查确认。

（4）采样点位的确定

江河、渠道监测断面上设置的采样垂线数与各垂线上的采样点的设置应符合表2-1和表2-2的要求，湖泊、水库监测垂线上采样点的设置应符合表2-3的要求。

表2-1　江河、渠道采样垂线数的设置

水面宽度(b)	垂线数
$b \leqslant 50m$	一条（中泓线）
$50m < b \leqslant 100m$	二条（左、右岸有明显水流处）
$b > 100m$	三条（左、中、右）

注：1. 垂线布设应避开污染带，监测污染带应另加垂线。
　　2. 确能证明断面水质均匀时，可仅在中泓线设置垂线。
　　3. 凡在该断面要计算污染物通量时，应按本表设置垂线。

表2-2　江河、渠道采样垂线上采样点的设置

水深(h)	采样点数
$h \leqslant 5m$	上层[①]一点
$5m < h \leqslant 10m$	上层、下层[②]两点
$h > 10m$	上层、中层[③]、下层三点

注：凡在该断面要计算污染物通量时，应按本表设置垂线。
① 水面下或冰下0.5m处。水深不到0.5m时，在1/2水深处。
② 河底以上0.5m处。
③ 1/2水深处。

表2-3　湖泊、水库监测垂线上采样点的设置

水深(h)	采样点数
$h \leqslant 5m$	一点（水面下0.5m处，水深不足1m时，在1/2水深处设置采样点）
$5m < h \leqslant 10m$	二点（水面下0.5m，水底上0.5m）
$h > 10m$	三点（水面下0.5m，1/2水深处，水底上0.5m）

注：1. 根据监测目的，如需要确定变温层（温度垂直分布梯度≥0.2℃/m的区间），可从水面向下每隔0.5m测定并记录水温、溶解氧和pH值，计算水温垂直分布梯度。
　　2. 湖泊、水库有温度分层现象时，可在变温层增加采样点。
　　3. 有充分数据证实垂线上水质均匀时，可酌情减少采样点。
　　4. 受客观条件所限，无法实现底层采样的深水湖泊、水库，可酌情减少采样点。

2.1.1.3　地下水监测采样断面和采样点的设置

地下水狭义上指地面以下岩土孔隙、裂隙、溶隙饱和层中的重力水，广义上指地表以下各种形式的水。

（1）地下水监测点网布设原则

① 监测点总体上能反映监测区域内的地下水环境质量状况。

② 监测点不宜变动，尽可能保持地下水监测数据的连续性。

③ 综合考虑监测井成井方法、当前科技发展和监测技术水平等因素，考虑实际采样的可行性，使地下水监测点布设切实可行。

④ 定期（如每5年）对地下水质监测网的运行状况进行一次调查评价，根据最新情况对地下水质监测网进行优化调整。

（2）监测点布设要求

① 对于面积较大的监测区域，沿地下水流向为主与垂直地下水流向为辅相结合布设监测点；对同一个水文地质单元，可根据地下水的补给、径流、排泄条件布设控制性监测点。地下水存在多个含水层时，监测井应为层位明确的分层监测井。

② 地下水饮用水水源地的监测点布设，以开采层为监测重点；存在多个含水层时，应在与目标含水层存在水力联系的含水层中布设监测点，并将与地下水存在水力联系的地表水纳入监测。

③ 对地下水构成影响较大的区域，如化学品生产企业以及工业集聚区在地下水污染源的上游、中心、两侧及下游区分别布设监测点；尾矿库、危险废物处置场和垃圾填埋场等区域在地下水污染源的上游、两侧及下游分别布设监测点，以评估地下水的污染状况。污染源位于地下水水源补给区时，可根据实际情况加密地下水监测点。

④ 污染源周边地下水监测以浅层地下水为主，如浅层地下水已被污染且下游存在地下水饮用水水源地，需增加主开采层地下水的监测点。

⑤ 岩溶区监测点的布设重点在于追踪地下暗河出入口和主要含水层，按地下河系统径流网形状和规模布设监测点，在主管道与支管道间的补给、径流区适当布设监测点，在重大或潜在的污染源分布区适当加密地下水监测点。

⑥ 裂隙发育区的监测点尽量布设在相互连通的裂隙网络上。

⑦ 可以选用已有的民井和生产井或泉点作为地下水监测点，但须满足地下水监测设计的要求。

（3）监测点布设方法

① 在布设监测点网前，应收集当地有关水文、地质资料。具体包括以下几个方面。

a. 地质图、剖面图、现有水井的有关参数（井位、钻井日期、井深、成井方法、含水层位置、抽水试验数据、钻探单位、使用价值、水质资料等）；

b. 作为当地地下水补给水源的江、河、湖、海的地理分布及水文特征（水位、水深、流速、流量），水利工程设施，地表水的利用情况及水质状况；

c. 含水层分布，地下水补给、径流和排泄方向，地下水质类型和地下水资源开发利用情况；

d. 对泉水出露位置，了解泉的成因类型、补给来源、流量、水温、水质和利用情况；

e. 区域规划与发展、城镇与工业区分布、资源开发和土地利用情况，化肥农药施用情况，水污染源及污水排放特征。

② 国控地下水监测点网密度一般不少于每 $100km^2$ 0.1 眼井，每个县至少应有 1～2 眼井，平原（含盆地）地区一般为每 $100km^2$ 0.2 眼井，重要水源地或污染严重地区适当加密，沙漠区、山丘区、岩溶山区等可根据需要选择典型代表区布设监测点。

③ 在下列地区应布设监测点（监测井）：以地下水为主要供水水源的地区；饮水型地方病高发地区；对区域地下水构成影响较大的地区，如污水灌溉区、垃圾堆积处理场地区、地下水回灌区及大型矿山排水地区等。

2.1.1.4 污染源污（废）水调查和监测采样

（1）污水调查和监测采样点位的布设原则

① 第一类污染物采样点位一律设在车间或车间处理设施的排放口或专门处理此类污染物设施的排污口。第一类污染物有总汞、总镉、总砷、总铅、六价铬等无机污染物及有机氯化合物和强致癌物质等。

② 第二类污染物采样点位一律设在排污单位的外排口。第二类污染物主要有悬浮物、硫化物、挥发酚、氰化物、有机磷化合物、石油类、铜、锌、氟的无机化合物、硝基苯类、苯胺类等。

③ 进入集中式污水处理厂和进入城市污水管网的污水采样点点位应设在离污水入口 20～30 倍管径的下游处。

④ 城市污水进入水体时，应在排污口上下游设置采样点。

（2）采样位置的设置

采样位置设在采样断面的中心，当水深大于 1m 时，位于 1/4 水深处；当水深小于和等于 1m 时，位于 1/2 水深处。

2.1.1.5 其他监测采样

（1）构筑物和反应器运行状况与处理效果监测采样

对于构筑物和反应器内部运行状况监测采样，开展池内溶解氧分布、池内污泥浓度分布等研究时，采样断面设计可参考地表水采样断面设计，而污水处理设施运行效果和污染物达标排放情况监测采样布点要求和方法与污染源采样布点方法相同。采样时间必须是在正常生产工况并达到设计规模 75％以上的运行条件下。

（2）应急监测采样

突发性水环境污染事故应急监测分为事故现场监测和跟踪监测。事故现场监测采样一般以事故发生地点及其附近为主，根据现场具体情况和污染水体的特性布点采样并确定采样频次。对于江河，应在事故地点及其下游布点采样，同时还要在事故地点上游采对照样。对于湖（库），采样点布设以事故地点为中心，沿水流方向一定间隔的扇形或圆形布点采样，同时采集对照样。采样要采平行双样，一份供现场快速监测，另一份送回实验室测定。跟踪监测采样需根据污染物的稀释、扩散、降解作用以及污染物性质、水体的水文状况设置数个采样断面，湖（库）同时还要考虑不同水层采样，频次每天不得少于2次。

2.1.2 水样的保存

水样采集后，应尽快送到实验室分析。样品久放，会受到生物、化学和物理的作用，某些组分的浓度可能会发生变化。

生物作用方面，微生物的代谢活动，如细菌、藻类和其他生物的作用可改变许多被测物的化学形态，可影响许多测定指标的浓度，主要反映在pH值、溶解氧（DO）、BOD_5、游离CO_2、碱度、硬度、磷酸盐、硫酸盐、硝酸盐和某些有机物的浓度变化上。

化学作用方面，测定组分可能被氧化或还原。例如六价铬在酸性条件下易被还原为三价铬，低价铁可被氧化成高价铁。又如铁、锰等价态的改变，可导致某些物质沉淀与溶解、某些聚合物（如多聚磷酸盐、聚硅酸等）产生或解聚作用的发生。所有这些均能导致测定结果与水样实际情况不符。

物理作用方面，阳光、温度、静置或振动、容器材质等会影响水样的性质。如温度上升会使汞、氰化物、氧、甲烷、乙醇等挥发，长期静置会导致氢氧化物、碳酸盐、磷酸盐和硫酸盐的各种沉淀物发生沉淀，部分组分被吸附在容器壁上或悬浮颗粒物的表面上。

水样在贮存期内发生变化的程度主要取决于水的类型及水样的化学性质和生物学性质，同时也受保存条件、容器材质、运输及气候变化等因素影响。必须强调的是这些变化往往非常快，经常在很短的时间里样品就发生了明显变化，因此必须在相关情况下采取必要的保护措施，并尽快进行分析。

保存措施旨在降低变化的程度或减缓变化的速度，水样类型不同，其保存效果也不同。地表水、地下水和饮用水因其污染物浓度低，对生物或化学作用不敏感，一般的保存措施均能起效。污（废）水因污染物浓度高、水质情况和污染物组成复杂，其保存效果不能一概而论。因此，需要基于水样的具体情况具体对待。不同水样保存方法参见表2-4。

表2-4　水样保存方法

项目	采样容器	保存方法	保存时间
浊度[①]	G,P	冷藏	12h

项目	采样容器	保存方法	保存时间
色度[①]	G,P	冷藏	12h
pH[①]	G,P	冷藏	12h
电导[①]	G,P	—	12h
碱度[②]	G,P	—	12h
酸度[②]	G,P	—	30d
COD	G	每升水样加入 0.8mL 浓硫酸(H_2SO_4),冷藏	24h
DO[①]	溶解氧瓶	加入硫酸锰,碱性碘化钾(KI)-叠氮化钠溶液,现场固定	24h
BOD_5[②]	溶解氧瓶	—	12h
TOC	G	加硫酸(H_2SO_4),pH≤2	7d
F[②]	P	—	14d
Cl[②]	G,P	—	28d
Br[②]	G,P	—	14h
I^-[②]	G	氢氧化钠(NaOH),pH=12	14h
SO_4^{2-}[②]	G,P	—	28d
PO_4^{3-}	G,P	氢氧化钠(NaOH),硫酸(H_2SO_4)调 pH=7,三氯甲烷($CHCl_3$)0.5%	7d
氨氮[②]	G,P	每升水样加入 0.8mL 浓硫酸(H_2SO_4)	24h
NO_2^--N[②]	G,P	冷藏	尽快测定
NO_3^--N[②]	G,P	每升水样加入 0.8mL 浓硫酸(H_2SO_4)	24h
硫化物	G	每 100mL 水样加入 4 滴乙酸锌溶液(220g/L)和 1mL 氢氧化钠溶液(40g/L),暗处放置	7d
氰化物,挥发酚类[②]	G	氢氧化钠(NaOH),pH≥12,如有游离余氯,加亚砷酸钠除去	24h
B	P	—	14d
一般金属	P	硝酸(HNO_3),pH≤2	14h
Cr(Ⅵ)	G,P(内壁无磨损)	氢氧化钠(NaOH),pH=7~9	尽快测定
As	G,P	硫酸(H_2SO_4)至 pH≤2	7d
Ag	G,P(棕色)	硝酸(HNO_3)至 pH≤2	14d

项目	采样容器	保存方法	保存时间
Hg	G,P	硝酸(HNO_3)(1+9,含重铬酸钾 50g/L)至 pH≤2	30d
卤代烃类[②]	G	现场处理后冷藏	4h
苯并[a]芘[②]	G	—	尽快测定
油类	G(广口瓶)	加入盐酸(HCl)至 pH≤2	7d
农药类[②]	G(衬聚四氟乙烯盖)	加入抗坏血酸 0.01~0.02g 除去残留余氯	24h
除草剂类[②]	G	加入抗坏血酸 0.01~0.02g 除去残留余氯	24h
邻苯二甲酸酯类[②]	G	加入抗坏血酸 0.01~0.02g 除去残留余氯	24h
挥发性有机物[②]	G	用盐酸(HCl)(1+10)调至 pH≤2,加入抗坏血酸 0.01~0.02g 除去残留余氯	12h
甲醛,乙醛,丙烯醛[②]	G	每升水样加入 1mL 浓硫酸	24h
放射性物质	P	—	5d
微生物[②]	G(灭菌)	每 125mL 水样加入 0.1mg 硫代硫酸钠除去残留余氯	4h
生物[②]	G,P	当不能现场测定时用甲醛固定	12h

注：G 为硬质玻璃瓶；P 为聚乙烯瓶（桶）。

① 应现场测定。

② 应低温（0~4℃）避光保存。

表 2-4 列出了现行水样保存方法和保存期。保存过程中应当注意，加入的保存剂不能干扰以后的测定，保存剂应采用优级纯试剂配制，同时在采样前进行相应空白试验，对测定结果进行校正。

（1）冷藏或冷冻样品

在 4℃冷藏或将水样迅速冷冻，贮存于暗处，可以抑制生物活动，减缓物理挥发作用和化学反应速率。

冷藏是短期内保存样品的一种较好的方法，对测定基本无影响，但冷藏保存不能超过规定的保存期限。冷藏时温度必须控制在 4℃左右；温度太低（例如 0℃）会出现水样结冰膨胀导致玻璃容器破裂，或样品瓶盖被顶开使样品失去密封保护，导致样品被沾污；温度太高会出现微生物滋生，导致水质变化。

（2）加入化学保存剂

① 控制溶液 pH 值。控制水样的 pH 值，可以有效抑制微生物的絮凝和沉降，防止重金属的水解和沉淀，减少容器表面化学吸附，使一些不稳定的待测组分保持稳定。故测定金属离子时，水样可采用硝酸酸化至 pH 值 1~2，测定氰化物的水样需加氢氧化钠调至 pH=12，测定六价铬的水样应加氢氧化钠调至 pH=8（因在酸性介质中，六价

铬的氧化电位高，易被还原；而 pH 值大于 8 时，易生成沉淀），保存总铬的水样则应加硝酸或硫酸酸化至 pH=1~2。

② 加入抑制剂。为了抑制生物作用，可在样品中加入生物抑制剂，如重金属盐等。在测氨氮、硝酸盐氮和 COD 的水样中，加入氯化汞或三氯甲烷、甲苯作防护剂以抑制生物对亚硝酸盐、硝酸盐、铵盐的氧化还原作用。测定含酚水样时，可用磷酸调 pH 值至 4，再加入适量硫酸铜，可抑制苯酚分解菌的活动。

当水样含有氧化还原组分时，可投加氧化或还原抑制剂保存。水样中痕量汞易被还原，引起汞的挥发性损失，加入硝酸-重铬酸钾溶液可使汞维持在高氧化态，汞的稳定性大为改善。保存硫化物水样时，加入抗坏血酸利于水样保存。含余氯水样能氧化水中氰离子，使水中酚类、烃类、苯系物氯化生成相应的衍生物，为此需在采样时加入适量的 $Na_2S_2O_3$ 予以还原，除去余氯干扰。

2.1.3 水样的管理与运输

样品是从各种水体及各类型水中取得的实物证据和资料，水样妥善而严格的管理是获得可靠监测数据的必要手段。

2.1.3.1 水样管理

① 除用于现场测定的样品外，大部分水样都需要运回实验室进行分析。在水样的运输和实验室管理过程中应保证其性质稳定、完整，不受沾污，不发生损坏和丢失。

② 对于现场测试样品。应严格记录现场检测结果并妥善保管。

③ 对于实验室测试样品。应认真填写采样记录或标签，并粘贴在采样容器上，注明水样编号、采样者、日期、时间及地点等相关信息。在采样时还应记录所有野外调查及采样情况，包括采样目的，采样地点，样品种类、编号、数量，样品保存方法及采样时的气候条件等。

2.1.3.2 运输

① 水样采集后应立即送到实验室，根据采样点的地理位置和各项目的最长可保存时间选用适当的运输方式，在现场采样工作开始之前就应安排好运输工作，以防延误。

② 样品装运前应逐一与样品登记表、样品标签和采样记录进行核对，核对无误后分类装箱。

③ 塑料容器要塞紧内塞，拧紧外盖，贴好密封带；玻璃瓶要塞紧磨口塞，并用细绳将瓶塞与瓶颈拴紧，或用封口胶、石蜡封口。待测油类的水样不能用石蜡封口。

④ 需要冷藏的样品，应配备专门的隔热容器，并放入制冷剂。

⑤ 冬季应采取保温措施，以防样品瓶冻裂。

⑥ 为防止样品在运输过程中因震动、碰撞而导致损失或沾污，最好将样品装箱运

输。装运用的箱和盖都需要用泡沫塑料或瓦楞纸板作衬里或隔板，并使箱盖适度压住样品瓶。

⑦ 样品箱应有"切勿倒置"和"易碎物品"的明显标识。

2.2 实验室纯水的制备

自然界中的水都含有杂质，不能直接用于化学实验，一般都需经过纯制。不同的实验对水的纯度要求不同，一般化学实验使用的纯水常用蒸馏法、离子交换法和电渗析法制取。

2.2.1 蒸馏法

蒸馏法制备的纯水叫蒸馏水。根据蒸馏的次数分为一次蒸馏水、二次蒸馏水和三次蒸馏水。二次和三次蒸馏水是纯度较高的高纯水，用于有特殊要求的实验。一次蒸馏水中还含有微量杂质，可用来洗涤要求不十分严格的仪器和配制一般的实验用溶液。

蒸馏法制备纯水是根据水与杂质的挥发性不同，利用蒸馏器进行蒸馏冷凝从而得到蒸馏水。

实验室中制备一次蒸馏水时，可使用蒸馏水蒸馏器（图 2-1）。制备二次蒸馏水可使用二次蒸馏水器（图 2-2）。制备高纯水还可使用硬质玻璃蒸馏器，石英蒸馏器，金、银以及聚四氟乙烯蒸馏器。

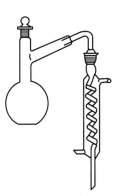

图 2-1　蒸馏水蒸馏器

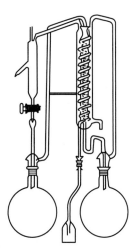

图 2-2　二次蒸馏水器

制备二次蒸馏水可根据实验对水质的要求，加入适当的试剂以抑制某些杂质的挥发，如加入甘露醇能抑制硼的挥发；加入碱性高锰酸钾可破坏有机物并防止二氧化碳蒸出，使水的 pH＝7；制备无氨水时，可加入浓硫酸（1L 水加 2mL 浓硫酸）或磷酸。

2.2.2　离子交换法

用离子交换法制备的纯水叫去离子水。离子交换法是利用离子交换树脂的离子交换作用，将水中除 H^+ 和 OH^- 以外的其他离子除去，或减少到一定程度。此法不能将水中的有机物除去，离子交换法制备纯水也不同于水的软化。水的软化主要是降低水的硬度，仅需将水中的 Ca^{2+}、Mg^{2+} 除去，因此水的软化虽然可以使用离子交换树脂，但只能用阳离子交换树脂进行交换；也可以使用盐型（钠型）树脂，但在制备去离子水时则必须使用阴、阳两种离子交换树脂，而且必须要用游离酸（碱）型树脂。离子交换法是目前采用较为广泛的一种纯水制备方法，其优点是设备简单、操作方便、成本低、水的纯度高。

（1）离子交换法制备纯水的原理

含有 K^+、Na^+、Ca^{2+}、Mg^{2+} 等阳离子及 SO_4^{2-}、Cl^-、HCO_3^-、$HSiO_3^-$ 等阴离子的原水，当通过阳离子交换树脂层时，水中的阳离子会被树脂所吸附，而树脂上可游离交换的 H^+ 则被置换到水中，并和水中的阴离子组成相应的无机酸，其反应可表示为：

$$
R\!-\!SO_3^-\,H^+ + \left.\begin{array}{l} K^+ \\ Na^+ \\ \frac{1}{2}Ca^{2+} \\ \frac{1}{2}Mg^{2+} \end{array}\right\} \left\{\begin{array}{l} \frac{1}{2}SO_4^{2-} \\ Cl^- \\ HCO_3^- \\ HSiO_3^- \end{array}\right. \Longleftrightarrow R\!-\!SO_3^- \left\{\begin{array}{l} K^+ \\ Na^+ \\ \frac{1}{2}Ca^{2+} \\ \frac{1}{2}Mg^{2+} \end{array}\right. + H^+ \left\{\begin{array}{l} \frac{1}{2}SO_4^{2-} \\ Cl^- \\ HCO_3^- \\ HSiO_3^- \end{array}\right.
$$

含有无机酸的水，当再通过阴离子交换树脂层时，水中的阴离子又会被树脂吸附，树脂上可交换的 OH^- 又被置换到水中，并与水中的 H^+ 结合成水，这一反应可用下式表示：

$$
R\!\equiv\!N^+\,OH^- + H^+ \left\{\begin{array}{l} \frac{1}{2}SO_4^{2-} \\ Cl^- \\ HCO_3^- \\ HSiO_3^- \end{array}\right. \Longleftrightarrow R\!\equiv\!N^+ \left\{\begin{array}{l} \frac{1}{2}SO_4^{2-} \\ Cl^- \\ HCO_3^- \\ HSiO_3^- \end{array}\right. + H_2O
$$

（2）制备去离子水的装置及操作

制备去离子水的离子交换装置由离子交换柱和其他一些附属设备所构成。实验室中简单的离子交换装置只有阳离子交换柱、阴离子交换柱及去离子水的接受瓶。

离子交换柱可用硬质玻璃、有机玻璃或聚氯乙烯塑料制作，柱体大小可根据用水量确定，一般柱体长与直径比为 10∶1，柱的下端铺以涤纶（或尼龙）筛网。为防止树脂被液流掀动，可在树脂层的上面盖上涤纶布。交换柱之间用胶管或聚乙烯塑料管相连。根据实验对水质的不同要求，阴阳离子交换柱的连接方式可为复床式、混床式和联合式等。

① 复床式。由几个阳离子交换柱与几个阴离子交换柱相互串联而成，如图 2-3 所示。

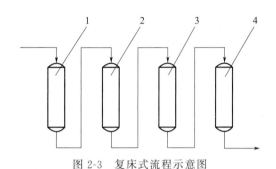

图 2-3 复床式流程示意图

1，3—阳柱；2，4—阴柱

② 混床式。把阴离子交换树脂和阳离子交换树脂装在同一个交换柱内。

③ 联合式。一般采用三个柱，即阳柱、阴柱和混合柱，如图 2-4 所示。

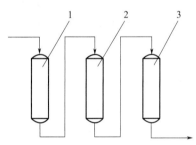

图 2-4 联合式流程示意图

1—阳柱；2—阴柱；3—混合柱

不管哪种连接方式，一般都是阳离子交换柱在前，阴离子交换柱在后。

交换柱在装填树脂之前，必须用酸或碱泡洗，最后要用蒸馏水或去离子水冲洗干净。柱内装填树脂量约为柱高的三分之二。制备去离子水时，为保证纯水质量，要注意调节进水流量，一般控制在每分钟通过水量相当于树脂体积即可。交换柱正常运转过程中，柱中要始终保持有一定的水层，绝不能使水漏干，否则树脂间会形成空气泡，影响水的质量。根据出水水质及树脂的颜色变化（由深变浅甚至发白）来判断树脂是否达到交换终点。到达交换终点的树脂，需进行再生。

（3）离子交换树脂的预处理与再生

① 离子交换树脂的预处理。市售树脂在使用前必须进行预处理，以除去树脂表面的可溶性杂质，并使所有树脂都变成所需的型式——H 型（氢型）或 OH 型（氢氧型）。

树脂的预处理可分以下几步进行。

a. 漂洗：目的是除去混入树脂中的可溶性杂质、灰尘及色素等。可将树脂放入耐酸碱的容器（一般可用塑料盆）中并用自来水反复漂洗，直至洗出液不浑浊为止。然后再用 40℃ 左右的蒸馏水浸泡 12～24h，使其充分膨胀。

b. 醇泡：将水排净，加入 95％ 乙醇浸没树脂层，搅拌均匀，浸泡 12～24h。此步主要目的是除去树脂上的油污。

c. 酸碱处理：目的是除去工业树脂中含有的铁、铝、铜和其他金属离子及其氧化物。

（a）阳离子交换树脂：加入 2mol/L HCl 溶液浸泡 12h 后，把盐酸放掉，用水洗涤至 pH 值为 4～5，再用 2mol/L NaOH 溶液浸泡 3～4h，最后可用水洗，待洗出液的 pH 值为 8～9 时即可停止。

（b）阴离子交换树脂：加入 2mol/L NaOH 溶液浸泡 12h，用水冲洗至洗出液的 pH 值为 8～9，再用 2mol/L HCl 溶液浸泡 3～4h，最后用水洗涤，直至洗出液的 pH 值为 4～5。

d. 转型：经过酸碱处理后，阳离子交换树脂基本成为钠型，阴离子交换树脂成为氯型，因此需将阳离子交换树脂转变成氢型，阴离子交换树脂转变成氢氧型。

（a）阳离子交换树脂：用 2mol/L HCl 溶液浸泡 4h（不时搅拌），待倾出废液后可用水清洗至洗涤液 pH 值为 4，然后将树脂置于纯水中待用。

（b）阴离子交换树脂：取 2mol/L NaOH 溶液，与处理阳离子交换树脂的方法相同。

② 离子交换树脂的再生。用离子交换树脂制取纯水，经过一段时间后，树脂就会失去交换水中阴阳离子的能力，也就是树脂失效。失效的树脂需经再生，以恢复交换能力。树脂的再生操作与新树脂的转型处理方法基本一致。离子交换树脂一般可反复再生，使用数年。

2.2.3　电渗析法

电渗析法是在外电场的作用下，利用阴阳离子交换膜对溶液中阴、阳离子的选择性透过功能，使溶液中的无机杂质离子和溶剂水分离的一种物理化学过程。离子交换膜是由交换树脂本体做成片膜关，嵌上交换基团而成的，例如磺酸型强酸性阳离子交换膜和季铵型强碱性阴离子交换膜等。阳离子交换膜只允许阳离子通过，阴离子交换膜只允许阴离子通过，因此，电渗析后从淡水室出来的是没有杂质离子的淡水，从浓水室出来的是杂质离子浓度较高的废水。用电渗析法制取的纯水，目前一般作为制取高纯水的初级水，再送入离子交换柱进行交换制得高纯水。电渗析法制取的高纯水电阻率一般大于 $5M\Omega \cdot cm$。原水进入电渗析器前必须经过活性炭和过滤器过滤处理，使原水中有机物、胶体物质尽量减少，避免渗透膜孔堵塞。这样使电渗析流程显得复杂，但作为预处理水，电渗析出水的水质好，再生时酸和碱用量少，对环境污染少，而且设备结构紧凑，操作简单。对纯水要求不太高的情况下，电渗析法制取的纯水一般能够满足要求。

2.3 实验室质量控制

实验室质量控制是指为将分析测试结果的误差控制在允许限度内所采取的控制措施，包括实验室内质量控制和实验室间质量控制两部分内容。实验室内质量控制包括空白试验、校准曲线的核查、仪器设备的标定、平行样分析、加标样分析以及使用质量控制图等，是实验室分析人员对测试过程进行自我控制的过程。实验室间质量控制包括分发标准样对诸实验室的分析结果进行评价、对分析方法进行协作实验验证、加密码样进行考察等，是发现和消除实验室间存在的系统误差的重要措施，一般由通晓分析方法和质量控制程序的专家小组承担。

2.3.1 实验室内质量控制

（1）人员

实验室人员（设备操作、检测、质量监督、复核人员）必须经过培训并考核合格，确保其有相应的能力。

使用在培人员时，应对其安排适当的监督。

从事特定工作的人员，应按要求取得资格证。

（2）仪器设备和标准物质

① 实验室应配备正确进行检测所要求的所有检测设备。所有检测设备要有唯一性编号。所有关系到检验结果的仪器设备要求定期进行检定/校准，包括天平、温度计、各种分光光度计、气相/液相色谱仪、酶标仪（酶联免疫检测仪）、血细胞分析仪等等。所有计量仪器要贴相应的三色标识。绿色代表检定合格，黄色代表准用或者限制使用，红色表示停用。标识的内容包括仪器编号、检定日期、下次检定日期等。

在两次检定/校准周期之间至少进行一次期间核查。核查项目有零点检查、灵敏度、准确度、分辨率、测量重复性、标准曲线线性、仪器内置自校检查、标准物质或参考物质测试比对等。一般使用已知浓度的有证质控样进行核查。

仪器应由专人保管和使用，制订仪器的维护计划，定期校正和维护，填写维护记录，及时发现仪器设备出现的故障并进行维修，使之处于正常工作状态。

② 定期对标准物质进行核查。实验室的标准物质大多指开封后正在使用的标准溶液，未开封的无须核查。用新开封的标准溶液和正在使用的标准溶液同时对已知浓度 C 的有证质控样进行测量。新开封的标准溶液测量值 C_1 在 C 的不确定度范围内说明该测量操作过程正确无误。正在使用的标准溶液测量值 C_2 在 C 的不确定度范围内，说明该标准使用液合格；否则就弃用该标准使用液，使用新的标准溶液或配制标准溶液。微生物的标准菌株同样按相关程序进行检定。长久保存的菌种在启用时，要移种至适宜的培养基上进行培养，待生长后再行移种，如此连续 2～3 次，甚至多次，直至出现典型的形态和生化特征为止。

（3）玻璃量器

实验室应定期对实验用玻璃量器进行随机抽检。一般从外观和容量允差两方面检查。

① 外观。具体检查以下几个方面。

a. 检查玻璃量器的外观缺陷是否影响计量和对液面的观察，具体规定见表2-5。

表 2-5　缺陷名称及外观要求

缺陷名称	外观要求
气泡	不允许有破气泡、密集气泡以及直径大于 3mm 的气泡
结石	不允许有大于 0.5mm 的结石
节瘤	不允许有积水或用手能触摸的疙瘩

注：玻璃中各种固体夹杂物，无论其来源如何，统称为"结石"。结石妨碍玻璃的透明性。

b. 分度线和量的数值应清晰、完整、耐久。

c. 玻璃量器应具有以下标记。

（a）厂家或商标。

（b）标准温度（20℃）。

（c）型式标记：量入式用"In"，量出式用"Ex"，吹出式用"吹"或"Blowout"。量出式和量入式量器：常见的量出式量器有移液管和滴定管，通过液体向量器外转移来测定体积。常见的量入式量器有容量瓶，通过液体向量器内转移来测定体积。

（d）等待时间：＋××s。

（e）总容量和单位：××mL。

（f）准确度等级：A 或 B，未标注的按 B 级处理。

② 容量允差。实验室用的衡量法，检查方法是称量一定体积水的质量，根据当时温度查表得到修正值，将水的质量和修正值的积与已知体积相比，分析误差是否在允许范围内。详细内容见《常用玻璃量器检定规程》（JJG 196—2006）。

（4）实验室用水

实验室用水分为三级。一级水用于有严格要求的分析试验，包括对颗粒有要求的试验，如高效液相色谱分析用水。二级水用于无机痕量分析等试验，如原子吸收光谱分析用水。三级水用于一般化学分析试验。具体要求和检验方法见《分析实验室用水规格和试验方法》（GB/T 6682—2008）。

微生物要求不是很高时，三级水（蒸馏水）或无菌水即可。

（5）检测方法

实验室使用的检测方法必须以国家发布的标准方法为首选。质量管理部门和实验室应随时对标准跟踪查新，确认使用现行有效的方法。使用其他检验方法，必须经质量管理部门评审通过。

（6）实验室环境条件控制

实验室的标准温度为 20℃，一般温度应在 20℃±5℃。实验室内的相对湿度一般应保持在 50％～70％。实验室的噪声、防震、防尘、防腐蚀、防磁与屏蔽等方面的环境条件应符合在室内开展的检测项目和所用检测仪器设备对环境条件的要求，室内采光应利于检测的进行。理化实验室要防止易挥发试剂对实验项目的污染，如氨水会对空气中氨的测定产生影响。微生物实验室还需定期监测空气中的颗粒物和细菌。

（7）试剂

① 化学试剂的质量是直接影响实验质量的因素之一。实验室试剂管理的首要工作是购置，所以实验室首先应该有一套完整的请购、审批、采购、验收、入库、领用制度，避免买到伪劣试剂而影响试验。特别注意要到有正规进货渠道的正规试剂店购买按照国家标准和行业标准生产的试剂。试剂标签上应注有名称（包括俗名）、类别、产品标准、含量、规格、生产厂家、出厂批号（或生产日期）；有的试剂还应标明保质期。检验人员要定时检查，以保证试剂包装完好、标签完整、字迹清楚。固体试剂应无吸湿、潮解现象，液体试剂应无沉淀物，否则应检查试剂的密封情况。

生物试剂一般要求低温保存，而且要注意保质期。微生物实验室自制的培养基和染色剂需要定期进行检定。

标准试剂和菌株应按要求存储，注意保质期。过期的视情况降级使用或弃用。

② 试剂溶液。试剂的配制一般根据标准检测方法中的要求进行，另外还可以按照下列标准配制：《化学试剂 标准滴定溶液的制备》（GB/T 601—2016）、《化学试剂 杂质测定用标准溶液的制备》（GB/T 602—2002）、《化学试剂 试验方法中所用制剂及制品的制备》（GB/T 603—2002）。

所有试剂的纯度应在分析纯以上，另有规定除外。

除另有规定外，标准滴定溶液和杂质测定用标准溶液在常温（15～25℃）下，保存期一般为 2 个月。

所有溶液出现浑浊、沉淀或颜色变化等现象时，应重配。

（8）样品

① 抽（采）样。抽（采）样应确保科学、公正。所得样品应具有代表性或可获得

性，并保持完整。抽（采）样应按标准规定方法进行。

② 样品的接收、识别、标识、登记、划区摆放、留样。接收送检样品时，应根据检测需求，认真查验样品与资料的完整性、符合性，确认样品的可检性，对样品进行唯一性标识与检测状态标识，记录登记，并将样品与样品检验通知单和样品流转单及时移交检测科室。检测科室样品管理人员接收样品时，应认真校核样品情况与样品流转单的符合性，同时确认样品的可检性。必要时应会同抽（采）样人员进行验收。确认后在样品流转单上签字，方可接收样品。检测人员在检测过程中要在样品上注明"待检""已检"状态，将样品按照状态分开放置。将备样注明状态放入备样室备查。

③ 样品检验。检测人员应在样品的保质期内完成检测。检测人员在检测样品前，要检查样品的性状是否合格。样品检测过程严格按照标准进行。

（9）检测过程

① 每次测定样品时必须同时进行空白试验。采用与正式试验相同的器具、试剂和操作分析方法，对一种假定不含待测物质的空白样品进行的分析，称为空白试验。空白试验测得的结果称为空白试验值。样品分析时所得的值减去空白试验值得到最终分析结果。空白试验值反映了测试仪器的噪声、试剂中的杂质、环境及操作过程中的沾污等因素对样品测定的综合影响，直接关系到测定的最终结果的准确性。空白试验值低，数据离散程度小，分析结果的精度随之提高，表明分析方法和分析操作者的测试水平较高。当空白试验值偏高时，应全面检查试验用水、试剂、量器和容器的沾污情况、测量仪器的性能及试验环境的状态等，以便尽可能地降低空白试验值。

② 每次测定样品时必须同时进行平行试验。平行试验是指同一批取两个以上相同的样品，以完全一致的条件（包括温度、湿度、仪器、试剂以及检测人员）进行试验，检查结果的一致性。样品间的误差应符合国标或其他标准要求。平行试验的作用是防止偶然误差的产生，偶然误差反映了试验的精密度。

③ 每次测定样品时必须做校准曲线。校准曲线包括工作曲线和标准曲线。工作曲线和样品的测定步骤完全一致，即需要预处理。标准曲线与样品的测定步骤不一致，即不需要预处理。制备标准系列和校准曲线应与样品测定同时进行；求出校准曲线的回归方程式，计算相关系数 (r)。相关系数 r 应大于或等于 0.999，否则应找出影响校准曲线线性关系的原因，尽可能加以纠正，并重新测定及绘制新的校准曲线。利用校准曲线的响应值推测样品的浓度值时，其浓度应在所做校准曲线的浓度范围内，不得将校准曲线任意外延。

④ 向样品中加入一定量待测物质的标准溶液进行测定，计算加标回收率，保证方法的准确度。

⑤ 绘制实验室内质量控制图。

（10）结果计算

检测人员根据原始记录，按照标准方法要求进行计算。计算过程注意数据的取舍、单位的变化。复核和签发人员应仔细检查原始记录，确保计算无误。

2.3.2 实验室间质量控制

① 实验室间质量控制简称"外部控制"。外部控制实际是实验室间测定数据的对比试验。通过这项试验可以发现一些实验室内部不易核对的误差来源，如试剂的纯度、蒸馏水的质量等问题。经常进行这一工作可增强实验室间测定结果的可比性，提高实验室的检测水平。

② 外部控制的方法。在各实验室完成内部控制的基础上，由中心实验室（或协调实验室）给各实验室每年发一两次"标准参考样品"，各实验室采用标准分析方法或统一方法对标准样品进行测定，并把测定结果上报中心实验室，由中心实验室负责对这些测定结果进行统计评价，然后将标准参考样品中各参数的"标准值"与统计结果回报给各实验室。通过这种不是评价的"评价"，使各实验室进行总结分析对照，可不断提高分析质量，提高检验结果的可比性。

③ 外部控制的精密度用再现性表示。通常用分析标准溶液的方法确定。再现性是指在不同实验室（分析人员、分析设备甚至分析时间都不相同），用同一分析方法对同一样品进行多次测定的结果之间的符合程度。

2.4 数据统计处理

在水污染防治工作中，常需要处理各种复杂的测试数据。这些数据经常表现出波动，即使是在相同条件下，获得的实验数据也会存在差异。对此，需要采用数理统计的方法处理实验获得的数据，获取具有代表性的结果。

（1）有效数字及其运算

有效数字是指准确测定的数字加上最后一位估读数字所得的数字。

在测量和数字计算中，用几位有效数字来代表被测量或计算的结果，这是一件很重要的事情。在一个数中小数点后面的位数越多，这个数值就越准确，或者在计算结果中保留的位数越多，这个数就越准确，这两种观点都是错误的。准确程度与所用仪器刻度的精细程度和所用的方法均有关系。例如：用 25mL 刻度为 0.1mL 的滴定管滴定 COD，消耗硫酸亚铁铵为 4.52mL 时，有效数字为 3 位，其中 4.5 为确切读数，而 0.02 为估读数字。实验过程中，直接测量的有效数字与仪表刻度有关，根据实际一般应该尽可能估计到最小分度的 1/10 或 1/5、1/2。例如，滴定管的最小刻度是 1/10（即 0.1mL），百分位上是估计值，故在读数时，可读到百分位，即其有效数字是到百分位为止。

数字"0"的含义与其在有效数字中的位置有关。当它表示与准确度有关的数字时或者位于非零数字间时，为有效数字，如5.023有四位有效数字；当它只用于表示小数点位置时，不是有效数字，如0.008只有一位有效数字；第一个非零数字前的"0"不是有效数字，如0.0025有二位有效数字；小数点后面最后一个非零数字后的"0"为有效数字，如3.20%有三位有效数字；以"0"结尾的整数，有效数字难以判断，如23000可能是二位、三位、四位有效数字，若写成2.3×10^4，则为二位有效数字。

（2）数字修约规则

在数据统计处理过程中，遇到测定的数据有效数字位数不相同时，必须舍弃一些多余的数字，以便于运算，这些舍弃多余数字的过程称为"数值修约过程"。有效数字修约应遵循《数值修约规则与极限数值的表示和判定》（GB/T 8170—2008）的有关规定，简述为"四舍六入五考虑，五后非零则进一，五后皆零视奇偶，五前为偶应舍去，五前为奇则进一"。例如，要求修约为只保留一位小数：11.3439，修约后为11.3，即四舍；11.3639，修约后为11.4，即六入；11.2502，修约后为11.3，即五后非零则进一；11.2500，修约后为11.2，即五后皆零视奇偶，五前为偶应舍去；若五前为零也视为偶数，如11.0500，修约后为11.0；11.1500，修约后为11.2，即五后皆零视奇偶，五前为奇则进一。

以上是要求修约到只保留一位小数的例子。值得注意的是，若拟舍弃二位以上数字，应按规则一次性修约，不得连续多次修约。如将12.4548修约成四位有效数字，应一次修约为12.45，而不能先修约成12.455，再二次修约成12.46。

（3）有效数字的运算规则

在整理数据时，运算结果的位数应遵循以下规则。

① 记录测定结果时，只保留一位可疑数，其余一律弃去。

② 加减运算中，运算结果所保留的小数位数应与所给各数中小数点后位数最少的相同，即运算前先将各数据比小数点后位数最少的数据多保留一位小数，再进行计算。例如，31.52、0.683、0.0091三个数相加时，应写为31.520＋0.683＋0.009＝32.212，修约后为32.21。

③ 乘除运算中，几个数据相除或相乘时，运算后所得的商或积的有效数字与参加运算各数中有效数字位数最少的相同。在实际运算中，先将各数据修约成比有效数字位数最少者多保留一位有效数字，再将计算结果按上述规则修约。

④ 乘方和开方运算中，运算结果有效数字的位数与原数据有效数字位数相同。如$3.68^2 = 13.5424$，应修约为13.5。

对数与反对数运算中，计算结果的有效数字仅取决于小数部分数字的位数，因为整数部分只代表该数的方次。如$10^{-5.42}$实际大小为3.8×10^{-6}，为二位有效数字，而不是三位。

计算平均值时，若为 4 个数或 4 个以上数相平均，则平均值的有效数字位数可增加一位。计算误差和偏差时，有效数字通常只取一位，测定次数很多时，方可取两位，并且最多只能取两位，运算后再按规则修约到要求的位数。

应该指出，环境工程领域一些公式中的系数不是用实验测得的，在计算中不应考虑其位数。

复习思考题

（1）地表水采样前的采样计划应包括哪些内容？

（2）确定地下水采样频次和采样时间的原则是什么？

（3）采集水中挥发性有机物和汞样品时，采样容器应如何洗涤？

（4）选择采集地下水的容器应遵循哪些原则？

（5）湖泊和水库采样点位的布设应考虑哪些因素？

3

水污染控制工程实验

本章主要介绍水污染控制工程实验，主要有基础性实验、设计性实验、综合性实验、仿真实验。做实验时，采取分组方式，3～5人一组，首先由指导老师讲解有关实验原理和实验方法，然后学生动手操作。

为了培养学生树立生态文明理念，形成污染控制工程思维，提升学生的创新和实践能力，提出以下实验要求：

（1）实验前必须做好预习，明确实验目的、原理、方法及操作中的注意事项等，避免和减少发生错误；

（2）实验过程中必须持严肃认真的态度；

（3）认真做好实验记录和数据整理；

（4）按照要求独立完成实验报告；

（5）遵守实验室规章制度。

3.1 基础性实验

3.1.1 污泥沉降实验

3.1.1.1 实验目的

在污水处理的二次沉淀池、污泥重力浓缩池中，悬浮固体浓度比较高，存在成层沉淀现象。由于成层沉淀过程受悬浮固体的性质、浓度和沉淀池的水力条件等因素影响，因此常需要通过实验方法求得设计参数并指导生产运行。

通过本实验达到下述目的：

（1）加深对成层沉淀的理解；

（2）掌握活性污泥沉淀特性曲线的测定方法；

（3）掌握活性污泥混合液悬浮固体（MLSS）的测定方法。

3.1.1.2 实验内容

（1）测定活性污泥 MLSS；

（2）观察成层沉淀现象；

（3）作界面高度与沉淀时间关系图。

3.1.1.3 实验原理和方法

进行沉淀实验时，活性污泥混合液在沉淀柱中的沉淀过程分为三个阶段。

（1）成层沉淀阶段（等速沉淀阶段）

实验开始时，沉淀柱上端有一清晰的泥水界面等速下降，此时，污泥浓度保持不变，污泥颗粒是等速沉降，颗粒的沉降速度与污泥的起始浓度有关。

（2）过渡阶段

经过等速沉淀阶段后，污泥在沉淀柱底部积累起来，这时上层污泥颗粒的沉降受到下沉污泥的影响。此阶段的沉淀速度逐渐减小。

（3）压缩阶段

污泥浓度进一步增大后，下层污泥支撑着上层污泥，同时，在上层污泥颗粒的挤压下，水从污泥间隙中被挤出。在这一阶段，泥水界面以极缓慢的速度下降。

3.1.1.4 实验设备和材料

（1）污泥沉降实验装置；

（2）烘箱；

（3）分析天平；

（4）秒表；

（5）称量瓶、量筒、烧杯、漏斗与漏斗架。

3.1.1.5 实验步骤

本实验采用多次静态沉淀实验方法，操作具体步骤如下。

（1）取污水处理厂污泥浓缩池污泥配成 MLSS 5.0g/L 左右的混合液，并取 50mL 混合液测定该污泥浓度。

（2）关闭沉淀柱所有进出水阀门。

（3）将配制好的混合液倒入原水箱，开启潜水泵，将泥水混合物提升至高位水箱，并开启搅拌器加以搅拌使混合液保持均匀。

（4）开启沉淀柱进水阀门，使混合液注入沉淀柱。

（5）关闭沉淀柱进水阀门，并启动沉淀柱的搅拌器。

（6）实验开始，停止搅拌器并计时，出现泥水界面时定期读出界面沉降距离。开始时 0.5～1min 读数一次，以后改为 1～2min 读数一次（各小组可自行设计时间间隔），当界面高度与时间的关系曲线由直线转为曲线时停止读数。

（7）打开沉淀柱出水阀门将污泥排出，用自来水清洗沉淀柱。

（8）按 MLSS 约为 3.0g/L 配制混合液，并重复上述步骤（2）～（7）进行实验。

3.1.1.6　实验报告

（1）测定实验设备和操作的基本参数，并记录。

沉淀柱：高度 $H=$ ____ m，直径 $D=$ ____ cm，搅拌器转速＝____ r/min。

污泥来源：_____。

（2）实验数据记录可参考表 3-1 进行。

表 3-1　污泥沉降实验数据记录表

项目	数据记录	
MLSS 测定		
	第一次	第二次
滤纸质量/g		
滤纸＋污泥质量/g		
MLSS/(mg/L)		
界面高度测定		
	第一次	第二次
时间/min		
界面高度/cm		

（3）以时间为横坐标，界面高度为纵坐标作图。

3.1.1.7　注意事项

（1）污泥注入沉淀柱时，应避免空气泡进入沉淀柱影响实验结果。

(2) 实验可分 4 组进行，每组完成 2 个浓度的沉淀实验。

3.1.1.8 思考题

(1) 本实验的污泥浓度是否可以取 100mg/L？为什么？

(2) 成层沉淀不同于自由沉淀、絮凝沉淀的地方何在？原因是什么？

3.1.2 污泥比阻测定实验

3.1.2.1 实验目的

污泥按来源可分为初沉污泥、剩余污泥、消化污泥和化学污泥，按性质又可分为有机污泥和无机污泥两大类。每种污泥的组成和性质不同，使污泥的脱水性能也各不相同。为了评价和比较各种污泥脱水性能的优劣，也为了确定污泥机械脱水前加药调整的投药量，常常需要通过实验测定污泥脱水性能的综合性指标——比阻（也称比阻抗）。

通过本实验达到下述目的：

(1) 通过实验掌握污泥比阻的测定方法；

(2) 掌握用布氏漏斗实验选择混凝剂的操作；

(3) 掌握确定混凝剂投加量的方法；

(4) 通过比阻测定评价污泥脱水性能。

3.1.2.2 实验原理

污泥比阻是表示污泥过滤特性的综合性指标，其物理意义是单位质量污泥在一定压力下过滤时在单位过滤面积上的阻力。求此值的作用是比较不同的污泥（或同一污泥加入不同量的混合剂后）的过滤性能。污泥比阻愈大，过滤性能愈差。

过滤时滤液体积 V(mL) 与推动力 p（过滤时的压降，Pa）、过滤面积 F(cm^2)、过滤时间 t(s) 成正比，而与过滤阻力 R(cm^{-1})、滤液黏度 μ(Pa·s) 成反比。

$$V(\text{mL}) = \frac{pFt}{\mu R} \tag{3-1}$$

过滤阻力由滤渣阻力 R_z 和过滤隔层阻力 R_g 构成。阻力只随滤渣层厚度增加而增大，过滤速度则随厚度增加而减小。因此可将式（3-1）改写成微分形式。

$$\frac{\mathrm{d}V}{\mathrm{d}t} = \frac{pF}{\mu(R_z + R_g)} \tag{3-2}$$

由于 R_g 相对 R_z 较小，为简化计算，姑且忽略不计，可将式（3-2）改写为

$$\frac{\mathrm{d}V}{\mathrm{d}t} = \frac{pF}{\mu\alpha'\delta} = \frac{pF}{\mu\alpha\dfrac{C'V}{F}} \tag{3-3}$$

式中 α'——单位体积污泥的比阻；

δ——滤渣厚度；

C'——获得单位体积滤液所得的滤渣体积。

如以滤渣干重代替滤渣体积，单位质量污泥的比阻代替单位体积污泥的比阻，则式(3-3)可改写为

$$\frac{\mathrm{d}V}{\mathrm{d}t}=\frac{pF^2}{\mu\alpha CV} \tag{3-4}$$

式中 α——污泥比阻，在厘米克秒制（CGS）中，其量纲为 s^2/g；在国际单位制（SI）中，其量纲为 m/kg 或 cm/g。

CGS 单位换算成 SI 单位时，应乘以换算因子 9.81×10^3。定压下，在积分界线 $0\sim t$ 及 $0\sim V$ 内对式（3-4）积分，可得

$$\frac{t}{V}=\frac{\mu\alpha C}{2pF^2}\times V \tag{3-5}$$

式（3-5）说明在定压下过滤，t/V 与 V 呈线性关系，其斜率为

$$b=\frac{t/V}{V}=\frac{\mu\alpha C}{2pF^2}$$

$$\alpha=\frac{2pF^2}{\mu}\times\frac{b}{C}=K\frac{b}{C} \tag{3-6}$$

需要在实验条件下求出 b 及 C。

① b 的求法。可在定压下（真空度保持不变）通过测定一系列的 $t\sim V$ 数据，用图解法求斜率（见图 3-1）。

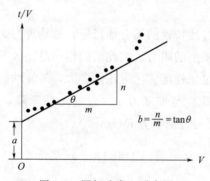

图 3-1　图解法求 b 示意图

② C 的求法。根据所设定义

$$C(\mathrm{g/mL})=\frac{(Q_0-Q_y)C_d}{Q_y} \tag{3-7}$$

式中 Q_0——污泥量，mL；

Q_y——滤液量，mL；

C_d——滤饼固体浓度，g/mL。

上述求 C 值的方法，必须测量滤饼的厚度方可求得，但在实验过程中测量滤饼厚度是很困难的且不易量准，故改用测滤饼含水率的方法求 C 值。

$$C = \cfrac{1}{\cfrac{100-C_i}{C_i} - \cfrac{100-C_f}{C_f}}$$

式中 C_i——100g 污泥中的干污泥量；

C_f——100g 滤饼中的干污泥量。

例如污泥含水率为 97.7%，滤饼含水率为 80%，则

$$C = \cfrac{1}{\cfrac{100-2.3}{2.3} - \cfrac{100-20}{20}} = \cfrac{1}{38.48} = 0.0260(\text{g/mL})$$

一般认为比阻在 $10^9 \sim 10^{10} \text{s}^2/\text{g}(10^{13} \sim 10^{14} \text{m/kg})$ 的污泥算作难过滤的污泥，比阻在 $(0.5 \sim 0.9) \times 10^9 \text{s}^2/\text{g}$ [$(4.9 \sim 8.8) \times 10^{12} \text{m/kg}$] 的污泥过滤难度算作中等，比阻小于 $0.4 \times 10^9 \text{s}^2/\text{g}(3.9 \times 10^{12} \text{m/kg})$ 的污泥容易过滤。

投加混凝剂可以改善污泥的脱水性能，使污泥的比阻减小。无机混凝剂如 $FeCl_3$、$Al_2(SO_4)_3$ 等，投加量一般为污泥干质量的 5%～10%；高分子混凝剂如聚丙烯酰胺、碱式氯化铝等，投加量一般为污泥干质量的 1%。

3.1.2.3 实验设备和材料

（1）实验装置如图 3-2 所示。

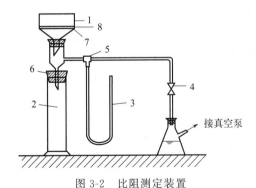

图 3-2 比阻测定装置

1—布氏漏斗；2—具塞量筒；3—U 形气压计；4—阀门；5—三通；

6—橡胶塞；7—滤纸；8—污泥

（2）秒表、滤纸。

（3）烘箱。

（4）布氏漏斗（直径 65～80mm）。

（5）称量瓶。

（6）真空泵。

3.1.2.4 实验方法与操作步骤

（1）在布氏漏斗上放置滤纸，用水润湿，贴紧周底。

（2）启动真空泵，调节真空压力，大约比实验压力［实验时真空压力采用 266mmHg（35.46kPa）或 532mmHg（70.93kPa）］小 1/3 时关闭真空泵。

（3）100mL 污泥加入布氏漏斗中，启动真空泵，调节真空压力至 0.05MPa，在该压力下进行定压抽滤；达到此压力后，启动秒表，并记下启动时计量管内的滤液体积 V_0。

（4）每隔一定时间（开始过滤时可每隔 10s 或 15s，滤速减慢后可隔 30s 或 60s）记下计量管内相应的滤液量。

（5）一直过滤至真空破坏（抽滤真空度迅速下降），如真空长时间不破坏，则过滤 20min 后即可停止。

（6）关闭阀门，取下滤饼放入称量瓶内称量。

（7）称量后的滤饼于 105℃ 的烘箱内烘干称量。

（8）计算出滤饼的含水率，求出单位体积滤液的固体量即污泥固体浓度 C_0。

3.1.2.5 实验报告记录及数据处理

（1）测定并记录实验基本参数，包括实验日期、原污泥的含水率及固体浓度 C_0、实验真空度（mmHg）、滤饼的含水率。

（2）将布氏漏斗实验所得数据按表 3-2 记录并计算。

表 3-2 布氏漏斗实验所得数据

t/s	计量管内滤液量 V'/mL	滤液量 $(V=V'-V_0)/\mathrm{mL}$	$\dfrac{t}{V}/(\mathrm{s/mL})$	备注

（3）以 t/V 为纵坐标，V 为横坐标作图，求 b。

（4）根据原污泥的含水率及滤饼的含水率求出 C。

（5）列表计算比阻值 α（表 3-3）。

表3-3 比阻值计算表

污泥含水率/%	污泥固体浓度/(g/cm³)	混凝剂用量/%	$\frac{n}{m}=b$ /(s/cm⁶)	布氏漏斗直径 d/cm	过滤面积 F/cm²	面积的二次方 F^2/cm⁴	滤液黏度 μ/[g/(cm·s)]①	真空压力 p/Pa	K/(s·cm³)	滤纸质量/g	滤纸滤饼湿重/g	滤纸滤饼干重/g	滤饼含水率/%	单位体积滤液的固体量 C/(g/cm³)	比阻值 α/(s²/g)
						$k=\dfrac{2pF^2}{\mu}$									

① 1g/(cm·s)=0.1Pa·s。

3.1.2.6 注意事项

（1）检查计量管与布氏漏斗之间是否漏气。

（2）滤纸烘干称量，放到布氏漏斗内，先用蒸馏水湿润，之后再用真空泵抽吸一下，滤纸要贴紧，不能漏气。

（3）污泥倒入布氏漏斗内时，有部分滤液流入计量管，所以正式开始实验后再记录计量管内的滤液体积。

（4）在整个过滤过程中，真空度确定后始终保持一致。

3.1.2.7 思考题

（1）判断生污泥、消化污泥脱水性能好坏，分析其原因。

（2）测定污泥比阻在工程中的实际意义。

3.1.3 曝气充氧实验

3.1.3.1 实验目的

曝气是活性污泥系统的一个重要环节。曝气的作用是向池内充氧，保证微生物生化作用所需的氧气，同时保持池内微生物、有机物、溶解氧，即泥、水、气三者的充分混合，为微生物降解创造有利条件。因此掌握曝气设备充氧性能，不同污水充氧修正系数 α、β 值及其测定方法，不仅对工程设计人员，而且对污水处理厂运行和管理人员也至关重要。此外，二级生物处理厂中，曝气充氧电耗占全厂动力消耗的 $60\%\sim70\%$，因此高效节能型曝气设备的研制是当前污水生物处理技术领域的一个重要课题。本实验是水处理实验中的一个重要组成部分。

通过本实验达到下述目的：

（1）掌握测定曝气设备的氧的总传递系数 K_{La} 和充氧能力参数 α、β 的实验方法及充氧能力 Q_S 的计算方法。

（2）评价充氧设备充氧能力的优劣。

（3）掌握曝气设备充氧性能的测定方法。

3.1.3.2 实验原理

活性污泥处理过程中曝气设备的作用是使氧气、活性污泥、营养物三者充分混合，使污泥处于悬浮状态，促使氧气从气相转移到液相，再从液相转移到活性污泥上，保证微生物有足够的氧进行物质代谢。由于氧的供给是保证生化处理过程正常进行的主要因素，因此工程设计人员通常通过实验评价曝气设备的供氧能力。

在现场用自来水实验时，先用 Na_2SO_3（或 N_2）脱氧，然后在溶解氧等于或接近零的状况下再曝气，使溶解氧升高趋于饱和水平。假定整个液体是完全混合的，符合一级反应，此时水中溶解氧的变化可以用下式表示：

$$\frac{dC}{dt}=K_{La}(C_S-C)$$

式中 $\dfrac{dC}{dt}$——氧转移速率，mg/（L·h）；

$\quad\ K_{La}$——氧的总传递系数，h^{-1}；

$\quad\ C_S$——实验室温度和压力下，自来水的溶解氧饱和浓度，mg/L；

$\quad\ C$——相应某一时刻 t 的溶解氧浓度，mg/L。

将上式积分，得

$$\ln(C_S-C)=(-K_{La}t)+常数$$

测得 C_S 和每一时刻相应的 C 后绘制 $\ln(C_S-C)$ 与 t 的关系曲线，或 $\dfrac{dc}{dt}$ 与 C 的关

系曲线，便可得到 K_{La}、$C_S - C$。

由于溶解氧饱和浓度、温度、污水性质和紊乱程度等因素均影响氧的传递速率，因此应进行温度、压力校正，并测定校正污水性质影响的修正系数 α、β。所采用的公式如下：

$$K_{La}(T) = K_{La}(20℃) \times 1.024^{T-20}$$

$$C(校正) = C(实验) \times \frac{标准大气压(kPa)}{实验时大气压(kPa)}$$

$$\alpha = \frac{废水的 \ K_{La}}{自来水的 \ K_{La}}$$

$$\beta = \frac{废水的 \ C_S}{自来水的 \ C_S}$$

充氧能力计算公式为：

$$Q_S(kg/h) = \frac{dC}{dt} \times V = K_{La}(20℃) \times C_S(校正) \times V$$

3.1.3.3　实验设备和材料

（1）溶解氧测定仪。

（2）空气压缩机。

（3）曝气筒。

（4）搅拌器。

（5）秒表。

（6）分析天平。

（7）烧杯。

（8）亚硫酸钠（$Na_2SO_3 \cdot 7H_2O$）。

（9）六水合氯化钴（$CoCl_2 \cdot 6H_2O$）。

（10）实验装置。

3.1.3.4　实验步骤

（1）向曝气筒内注入自来水，测定水样体积 $V(L)$ 和水温 $T(℃)$。

（2）由水温查出实验条件下水样溶解氧饱和值 C_S，并根据 C_S 和 V 求投药量，然后投药脱氧。

① 脱氧剂亚硫酸钠（$Na_2SO_3 \cdot 7H_2O$）的用量计算。

在自来水中加入还原剂 $Na_2SO_3 \cdot 7H_2O$ 来还原水中的溶解氧，发生如下反应。

$$2Na_2SO_3 + O_2 \xrightarrow{CoCl_2} 2Na_2SO_4$$

参与反应的物质的质量之比为：

$$\frac{m(O_2)}{m(Na_2SO_3)} = \frac{32}{2 \times 126} \approx \frac{1}{8}$$

Na_2SO_3 用量为水中溶解氧的 8 倍，故 $Na_2SO_3 \cdot 7H_2O$ 理论用量为水中溶解氧的 16 倍，而水中有部分杂质会消耗亚硫酸钠，故实际用量为理论用量的 1.5 倍。

所以实际投加的 $Na_2SO_3 \cdot 7H_2O$ 用量为：

$$W = 1.5 \times 16 C_S V = 24 C_S V$$

式中　W——亚硫酸钠投加量，mg；

　　　C_S——实验时水温条件下水中的饱和溶解氧值，mg/L；

　　　V——水样体积，L。

② 根据水样体积 V 确定催化剂（钴盐）的投加量。

经验证明，清水中有效钴离子浓度以 0.4mg/L 左右为宜，一般使用氯化钴（$CoCl_2$）。因为

$$\frac{m(CoCl_2 \cdot 6H_2O)}{m(Co^{2+})} = \frac{238}{59} \approx 4.0$$

所以单位体积水样投加钴盐（$CoCl_2 \cdot 6H_2O$）量为：

$$0.4mg/L \times 4.0 = 1.6g/m^3$$

水样体积为 $V(m^3)$，则本实验所需投加钴盐量（g）为 $1.6V$。

③ 将 Na_2SO_3 用热水溶解，均匀倒入曝气筒内，将溶解的钴盐倒入水中，并开动搅拌器轻微搅动使其混合，进行脱氧。

（3）当清水脱氧至零时，提高叶轮转速便开始曝气，计时。每隔 0.5min 测定一次溶解氧（用碘量法每隔 1min 测定一次），直到溶解氧达到饱和为止。

3.1.3.5　实验结果整理

（1）将测定数据记录于表 3-4 中。

表 3-4　实验记录

水温_____℃，水样体积_____ m^3，C_S _____ mg/L，亚硫酸钠用量_____ mg，氯化钴用量_____ mg。

水样瓶编号	时间 t/min	亚硫酸钠用量/mg	C_S/(mg/L)	$C_S - C$	$\ln(C_S - C)$	K_{La}

（2）根据测定结果计算 K_{La} 值。

① 根据公式计算 K_{La}，公式如下。

$$K_{La} = \frac{2.303}{t - t_0} \times \lg \frac{C_S - C_0}{C_S - C}$$

② 用图解法计算 K_{La} 值：用半对数坐标纸作氧亏值（$C_S - C$）和 t 的关系曲线，其斜率即为 K_{La} 值。

③ 计算叶轮充氧能力 Q_S，公式如下。

$$Q_S (\text{kg/h}) = \frac{60}{1000} \times K_{La} C_S V$$

式中　1000——由 mg/L 转化为 kg/m^3 的系数；

　　　60——由 min 转化为 h 的系数；

　　　K_{La}——氧的总传递系数，min^{-1}；

　　　C_S——饱和溶解氧，mg/L；

　　　V——水样体积，m^3。

④ 计算污水性质影响的修正系数 α、β，公式如下。

$$\alpha = \frac{\text{废水的} K_{La}}{\text{自来水的} K_{La}}$$

$$\beta = \frac{\text{废水的} C_S}{\text{自来水的} C_S}$$

3.1.3.6　注意事项

（1）实验所用设备、仪器较多，实验前必须熟悉仪器的使用方法及注意事项。

（2）认真调试仪器设备，特别是溶解氧测定仪，要定时更换探头内溶解液，使用前标定零点及满度。

（3）严格控制各项基本实验条件，如水温、搅拌强度等，尤其是对比实验更应严格控制。

（4）应在所加试剂溶解后再均匀加入曝气筒内。

3.1.3.7　思考题

（1）氧总传递系数 K_{La} 的意义是什么？怎样计算？

（2）曝气设备充氧性能指标为何均是清水？

（3）鼓风曝气设备与机械曝气设备的充氧性能指标有何不同？

（4）α、β 值的测定有何意义？影响 α、β 的因素有哪些？

（5）注意实验中出现的异常情况，分析具体原因。

3.1.4　化学混凝实验

3.1.4.1　实验目的

分散在水中的胶体颗粒带有电荷，同时在布朗运动及表面水化作用下，长期处于稳定分散状态，不能用自然沉淀方法去除。向这种水中投加混凝剂，可以使分散颗粒相互结合聚集增大，从水中分离出来。

各种废水差别很大，混凝效果不尽相同。混凝剂的混凝效果不仅取决于混凝剂种类、投加量，同时还取决于水的 pH、水温、浊度、水流速度梯度等的影响。

通过本实验达到下述目的：

(1) 加深对混凝沉淀原理的理解；

(2) 掌握化学混凝工艺最佳混凝剂的筛选方法；

(3) 掌握化学混凝工艺最佳工艺条件的确定方法。

3.1.4.2 实验原理

化学混凝的处理对象主要是废水中的微小悬浮物和胶体物质。根据胶体的特性，在废水处理过程中通常采用投加电解质、带相反电荷的胶体或高分子物质等方法破坏胶体的稳定性，使胶体颗粒凝聚在一起形成大颗粒，然后通过沉淀分离，达到废水净化的目的。关于化学混凝的机理主要有以下四种解释。

(1) 压缩双电层机理

当两个胶粒相互接近以至双电层发生重叠时，就产生静电斥力。加入的反离子与扩散层原有反离子之间的静电斥力将部分反离子挤压到吸附层中，从而使扩散层厚度减小。由于扩散层变薄，颗粒相撞时的距离减小，相互间的吸引力变大。颗粒间排斥力与吸引力的合力由斥力为主变为以引力为主，颗粒就能凝聚在一起。

(2) 吸附电中和机理

异号胶粒间相互吸引达到电中和而凝聚；大胶粒吸附许多小胶粒或异号离子，ξ 电位降低，吸引力使同号胶粒相互靠近发生凝聚。

(3) 吸附架桥机理

吸附架桥作用是指链状高分子聚合物在静电引力、范德瓦耳斯力和氢键等作用下，通过活性部位与胶粒和细微悬浮物等发生的吸附桥连的现象。

(4) 沉淀物网捕机理

采用铝盐或铁盐等高价金属盐类作凝聚剂，当投加量很大，形成大量金属氢氧化物沉淀时，可以网捕、卷扫水中的胶粒。

在混凝过程中，上述现象通常不是单独存在的，往往同时存在，只是在一定情况下以某种现象为主。

3.1.4.3 实验设备

(1) 化学混凝实验装置采用六联搅拌器。

(2) pHS-2 型精密酸度计。

(3) COD 测定装置。

（4）干燥箱。

（5）分析天平。

3.1.4.4 实验材料

（1）实验用水：生活污水、造纸废水、印染废水等。

（2）实验药品：混凝剂，包括聚合硫酸铁（PFS）、聚合氯化铝（PAC）、聚合硫酸铁铝（PAFS）、聚丙烯酰胺（PAM）等；COD 测试相关药品；HCl、NaOH。

3.1.4.5 实验步骤

取 300mL 废水于 500mL 烧杯中，加酸或碱调节 pH 后，按一定的比例投加混凝剂，在六联搅拌器上先快速（转速 200r/min）搅拌 2min，再慢速（80r/min）搅拌 10min，然后静置，观察并记录实验过程中絮体形成的时间、大小及密实程度、沉淀速度快慢、废水颜色变化等。静置沉淀 30min 后，于表面 2～3cm 深处取上清液测定其 pH 和 COD。

（1）最佳混凝剂的筛选

根据所选废水的水质特点，利用聚合硫酸铁、聚合氯化铝、聚合硫酸铁铝、聚丙烯酰胺等常规混凝剂进行初步实验，根据实验现象和检测结果，筛选出适宜处理该废水的最佳混凝剂。

（2）混凝剂最佳投加量的确定

利用筛选出的混凝剂，取不同的投加量进行混凝实验，实验结果记入表 3-5。根据实验结果绘制 COD 去除率与混凝剂投加量的关系曲线，确定最佳的混凝剂投加量。

（3）最佳 pH 的确定

调节废水的 pH 分别为 6.0、6.5、7.0、7.5、8.0 进行混凝实验，实验结果记入表 3-6。根据实验结果绘制 COD 去除率与 pH 的关系曲线，确定最佳的 pH 条件。

（4）考察搅拌强度和搅拌时间对混凝效果的影响

在混合阶段，要求混凝剂与废水迅速均匀混合，以便形成大量小矾花；在反应阶段，既要创造足够的碰撞机会和良好的吸附条件让小矾花长大，又要防止生成的絮体被打碎。根据实验装置——六联搅拌器的特点，通过烧杯混凝搅拌实验，确定最佳的搅拌强度和搅拌时间。

3.1.4.6 实验报告（表 3-5、表 3-6）

表 3-5 最佳投药量实验记录

第_____组　　　　姓名_____　　　　　　实验日期_____

原水温度_____℃　　　色度_____　　pH_____　　　COD_____mg/L

使用混凝剂的种类及浓度_____

水样编号		1	2	3	4	5	6
混凝剂投加量/(mg/L)							
矾花形成时间/min							
絮体沉降快慢							
絮体密实程度							
处理水水质	色度						
	pH						
	COD/(mg/L)						
搅拌条件	快速	搅拌时间/min			转速/(r/min)		
	中速						
	慢速						
沉降时间/min							

表 3-6　最佳 pH 实验记录

第＿＿＿＿＿＿组　　　姓名＿＿＿＿＿＿＿＿＿　　　实验日期＿＿＿＿＿＿＿

原水温度＿＿＿＿℃　　　色度＿＿＿＿　　pH＿＿＿＿　　COD＿＿＿＿＿mg/L

使用混凝剂的种类及浓度＿＿＿＿＿＿＿＿＿＿＿＿＿＿＿＿＿＿＿＿＿＿＿＿＿

水样编号		1	2	3	4	5	6
HCl 投加量/(mg/L)							
NaOH 投加量/(mg/L)							
絮体沉降快慢							
混凝剂的投加量/(mg/L)							
实验水样 pH							
处理水水质	色度						
	pH						
	COD/(mg/L)						
搅拌条件	快速	搅拌时间/min			转速/(r/min)		
	中速						
	慢速						
沉降时间/min							

3.1.4.7 思考题

(1) 不同混凝剂对 COD 去除率有何影响？

(2) 混凝剂的投加量对 COD 去除率有何影响？

(3) pH 对 COD 去除率有何影响？

(4) 搅拌速度和搅拌时间对 COD 去除率有何影响？

(5) 如何确定混凝最佳工艺条件？

(6) 简述影响混凝效果的几个主要因素。

(7) 为什么投药量大时，混凝效果不一定好？

3.2 设计性实验

3.2.1 活性污泥吸附性能测定实验

3.2.1.1 实验目的

(1) 进行污泥吸附性能的测定，不仅可以判断污泥再生效果，不同运行条件、方式、水质等状况下污泥性能的好坏，还可以选择污水处理运行方式，确定吸附再生段适宜比值；

(2) 加深理解污水生物处理及吸附再生式曝气池的特点；

(3) 掌握活性污泥吸附性能测定方法。

3.2.1.2 实验原理

任何物质都有一定的吸附性能，活性污泥由于单位体积表面积很大，特别是再生良好的活性污泥具有很强的吸附性能。污水与活性污泥接触初期，由于吸附作用，污水中底物得以大量去除，即所谓初期去除；随着胞外酶发挥作用，某些被吸附物经水解后又进入水中，使污水中底物浓度又有所上升，随后由于微生物对底物的降解作用，污水中底物浓度随时间逐渐缓慢降低。整个过程如图 3-3 所示。

3.2.1.3 实验设备和材料

(1) 有机玻璃搅拌罐两个；

(2) 量筒、烧杯、三角瓶、秒表、玻璃棒、漏斗等；

(3) 离心机、水分快速测定仪；

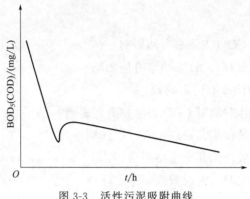

图 3-3　活性污泥吸附曲线

（4）COD 测定装置或 BOD$_5$ 测定装置。

3.2.1.4　实验步骤

（1）制取活性污泥。

① 取运行曝气池再生段末端污泥及回流污泥，或普通空气曝气池与氧气曝气池回流污泥，经离心机脱水，倾去上清液。

② 称取一定质量的污泥（配制罐内混合液浓度 MLSS 为 2～3g/L），在烧杯中用待测水搅匀，分别放入搅拌罐内，编号，注意两罐内浓度应保持一致。

（2）取待测水，注入搅拌罐内，容积 7～8L，同时取原水样测定 COD 或 BOD$_5$ 值。

（3）打开搅拌开关，同时记录时间，在 0.5min、1.0min、1.5min、2.0min、3.0min、5.0min、10min、20min、40min、70min 分别取出 200mL 左右混合液，并取出一份 100mL 的混合液。

（4）将上述所取水样静置沉淀 30min 或过滤取其上清液或滤液，测定其 COD 或 BOD$_5$ 值，用 100mL 混合液测其污泥浓度，数据记录于表 3-7 中。

表 3-7　COD 或 BOD$_5$ 吸附性能测定记录　　　　　　单位：mg/L

污泥种类	吸附时间									
	0.5min	1.0min	1.5min	2.0min	3.0min	5.0min	10min	20min	40min	70min
吸附段										
再生段										

3.2.1.5　实验报告

实验报告应符合以下要求。

（1）实验数据记录真实详细；

（2）以吸附时间为横坐标，以水样 COD 或 BOD_5 值为纵坐标绘图。

3.2.1.6　思考题

（1）影响活性污泥吸附性能的因素有哪些？

（2）简述测定活性污泥吸附性能的意义。

（3）试对比分析吸附段、再生段污泥吸附曲线区别（曲线最低点的数值与出现时间）及其原因。

3.2.2　污泥沉降比和污泥指数评价指标测定实验

3.2.2.1　实验目的

（1）掌握污泥沉降比和污泥指数这两个表征活性污泥沉淀性能指标的测定和计算方法；

（2）进一步明确污泥沉降比、污泥指数和污泥浓度三者之间的关系，以及它们对活性污泥法处理系统设计和运行控制的指导意义；

（3）加深对活性污泥絮凝沉淀特点和规律的认识。

3.2.2.2　实验原理

在活性污泥法中，二次沉淀池用于澄清混合液并浓缩回流污泥，是活性污泥系统的重要组成部分，其运行状态直接影响处理系统的出水质量和回流污泥的浓度。实践表明出水 BOD 浓度中相当一部分是由出水中悬浮物引起的。而对于二沉池，除构造上的原因之外，影响其运行的主要因素是混合液（活性污泥）的沉降情况。通常沉降性能用污泥沉降比和污泥指数来表示。

污泥沉降比 SV（％）：从曝气池中取混合均匀的泥水混合液 100mL，置于 100mL 量筒中，静置 30min 后，观察沉降的污泥占整个混合液的比例。

污泥指数 SVI（mL/g）：全称污泥容积指数，指曝气池混合液经 30min 静沉后，1g 干污泥所占的容积。

SVI 值能较好地反映活性污泥的松散程度（活性）和凝聚、沉淀性能，一般以 100mL/g 左右为宜。

污泥沉降比不仅在一定程度上反映了活性污泥的沉降性能，而且其测定方法简单、快速、直观，因此是评价活性污泥的重要指标之一。当污泥浓度变化大时，用污泥沉降比就能很快反映出活性污泥沉降性能及污泥膨胀等异常情况。当处理系统受到水质、水量的变化或其他有毒物质冲击负荷的影响及环境因素发生变化时，曝气池中的混合液浓度或污泥指数都可能发生较大的变化，单纯地以污泥沉降比作为沉降性能的评价指标则不够充分，因为污泥沉降比中并不包括污泥浓度的因素，为此引出了污泥指数的概念。简单地说，污泥指数是经 30min 沉淀后的污泥密度的倒数，因此能客观地评价活性污泥的松散程度和絮凝、沉淀性能，及时反映是否有污泥膨胀的倾向或已经发生污泥膨胀。

3.2.2.3 实验设备和材料

(1) 活性污泥法处理系统（模型系统），包括曝气池和二次沉淀池；

(2) 活性污泥法处理系统所需设备；

(3) 过滤器、烘箱、天平、称量瓶等；

(4) 虹吸管、洗耳球等用于提取污泥的器具；

(5) 100mL 量筒、定时器等。

3.2.2.4 实验步骤

(1) 将干净的 100mL 量筒用蒸馏水冲洗后甩干。

(2) 将虹吸管吸入口放在曝气池的出口处（即曝气池的混合液流入二沉池时的出口处），用洗耳球将曝气池的混合液吸出，并形成虹吸。

(3) 取混合均匀的泥水混合液 100mL，置于 100mL 量筒中，静置 30min 后，观察沉降的污泥占整个混合液的比例（SV,%），记录结果。

(4) 将经 30min 沉淀的污泥和上清液一同倒入过滤器中测定其污泥干重，测定方法如下。

a. 将定量滤纸放在 105℃烘箱中干燥至恒重，称量并记录（W_1）；

b. 用 100mL 量筒量取 50mL 活性污泥混合液，全部倒入漏斗，并进行过滤（注意用水洗净量筒，并将水也倒入漏斗）；

c. 将载有污泥的滤纸移入烘箱（105℃）烘干至恒重（2h 以上），称量并记录（W_2）。

(5) 计算污泥浓度，公式如下。

$$污泥浓度(MLSS,mg/L)=[(滤纸质量+污泥干重)-滤纸质量]×20$$

(6) 污泥指数（SVI）计算式如下：

$$SVI=\frac{SV(\%)×10^4}{MLSS(mg/L)}$$

3.2.2.5 实验报告

(1) 实验数据记录于表 3-8 中。

表 3-8 污泥沉降比和污泥指数评价指标测定实验数据

项目	W_1 /mg	W_2 /mg	(W_2-W_1) /mg	SV 的计算			MLSS/ (mg/L)	SVI/ (mL/g)
				沉降前体积/mL	沉降后污泥体积/mL	SV/%		
第一次								
第二次								

项目	W_1/mg	W_2/mg	(W_2-W_1)/mg	SV 的计算			MLSS/(mg/L)	SVI/(mL/g)
				沉降前体积/mL	沉降后污泥体积/mL	SV/%		
第三次								
平均								

（2）准确地绘出 100mL 量筒中污泥界面下的容积随沉淀时间的变化曲线。

3.2.2.6 思考题

（1）污泥指数（SVI）的倒数表示什么？为什么？

（2）利用实验得到的污泥沉降比和污泥指数，评价该活性污泥法处理系统中活性污泥的沉降性能，污泥是否有膨胀的倾向或已经发生膨胀？

（3）对于城市污水来说，SVI 大于 200mL/g 或小于 50mL/g 各说明什么问题？

3.2.3　废水厌氧消化实验

3.2.3.1 实验目的

（1）通过实验加深对厌氧消化原理的理解；

（2）掌握厌氧处理废水实验的方法和数据分析处理；

（3）掌握 pH、COD、NH_3-N、挥发性脂肪酸（VFA）的测定方法。

3.2.3.2 实验原理

在厌氧处理过程中，废水中的有机物经大量微生物的共同作用，最终被转化为甲烷、二氧化碳、水、硫化氢和氨等。在此过程中，不同微生物的代谢过程相互影响、相互制约，形成了复杂的生态系统。高分子有机物的厌氧降解过程可以分为四个阶段：水解阶段、发酵（或酸化）阶段、产乙酸阶段和产甲烷阶段。

（1）水解阶段

水解可定义为复杂的非溶解性的聚合物被转化为简单的溶解性单体或二聚体的过程。

高分子有机物由于分子量巨大，不能透过细胞膜，因此不可能为细菌直接利用。高分子在第一阶段被细菌胞外酶分解为小分子，这些小分子水解产物能够溶解于水并透过细胞膜为细菌所利用。水解过程通常较缓慢。

（2）发酵（或酸化）阶段

发酵可定义为有机物既作为电子受体也是电子供体的生物降解过程，在此过程中溶解性有机物被转化为以挥发性脂肪酸为主的末端产物，因此该过程也称为酸化。

在这一阶段，上述小分子在发酵细菌（即酸化菌）的细胞内转化为更为简单的化合物并被分泌到细胞外。发酵细菌绝大多数是严格厌氧菌，但通常有约 1% 的兼性厌氧菌存在于厌氧环境中，这些兼性厌氧菌能够保护像甲烷菌这样的严格厌氧菌免受氧的损害与抑制。这一阶段的主要产物有挥发性脂肪酸、醇类、乳酸、二氧化碳、氢气、氨、硫化氢等，产物的组成取决于厌氧降解的条件、底物种类和参与酸化的微生物种群。与此同时，酸化菌也利用部分物质合成新的细胞物质，因此，未酸化废水厌氧处理时产生更多剩余污泥。

在厌氧降解过程中，必须考虑酸化菌对酸的耐受力。酸化过程在 pH 下降到 4 时进行。但是产甲烷过程 pH 在 6.5～7.5 之间，因此 pH 的下降将减少甲烷的生成和氢的消耗，并进一步引起酸化末端产物组成的改变。

（3）产乙酸阶段

在产氢产乙酸菌的作用下，上一阶段的产物被进一步转化为乙酸、氢气、碳酸以及新的细胞物质。

（4）产甲烷阶段

这一阶段，乙酸、氢气、碳酸、甲酸和甲醇被转化为甲烷、二氧化碳和新的细胞物质。

乙酸、乙酸盐、二氧化碳和氢气等转化为甲烷的过程由两种生理上不同的产甲烷菌完成，一组把氢气和二氧化碳转化成甲烷，另一组利用乙酸或乙酸盐脱羧产生甲烷，前者甲烷产量约占总量的 1/3，后者约占 2/3。

3.2.3.3　实验设备和材料

（1）厌氧消化反应装置。

（2）pH 计、COD 测定仪、蒸氮装置、分光光度计、COD 消煮管、5L 细口瓶 1 个（配胶塞）、2.5L 广口瓶 1 个（配胶塞）、1L 广口瓶 1 个（配胶塞）、比色管若干、试管架、移液管、容量瓶（1L、250mL、100mL、50mL）、烧杯若干等。

（4）实验试剂：氢氧化钠、碳酸氢钾、纳氏试剂、酒石酸钾钠溶液。

3.2.3.4　实验步骤

（1）实验所用的污水取自当地污水处理厂。实验所需接种污泥为实验室原有的驯化厌氧污泥，配制 3% NaOH 溶液 10L，碳酸氢钾缓冲液 5L。产甲烷量用排 NaOH 溶液集气法测定。

（2）取污泥混合液 2L，接种污泥 1.5L，于 5L 细口瓶中混匀，测定样品的初始 pH、COD、氨氮，连接并通氮气（约 3min）后密封装置，在中温（37℃）下进行实验。pH 采用 pH 计测定，COD 采用快速密闭催化消解法测定，氨氮采用纳氏试剂分光光度法测定。

氨氮的测定方法（纳氏试剂分光光度法）：取一定量水样加入 50mL 比色管，加水至标线（同时准备空白样品）；加 1mL 酒石酸钾钠溶液混匀，加 1.5mL 纳氏试剂混匀；放置 10min 后，在波长 420nm 处，用光程 10mm 比色皿，以水为参比，测量吸光度；根据事先做好的标准曲线计算水中氨氮的浓度。

注：以上各种试剂由实验室配制提供。

（3）每天读取产气量并测定 pH（若 pH 不在 6.8～7.2 范围内，需用碳酸氢钾缓冲液调节）。

3.2.3.5　实验报告

实验报告包含以下内容：分析处理实验所得数据，描绘出日产甲烷量、pH、VFA、COD、氨氮的变化趋势线，并分析它们之间的关系。

3.2.3.6　思考题

就本实验的条件而言，哪些因素会影响厌氧消化过程的进行？

3.2.4　活性炭吸附实验

3.2.4.1　实验目的

本实验采用活性炭间歇吸附的方法，确定活性炭对水中所含某些杂质的吸附能力，以期达到下述目的：

（1）加深对吸附基本原理的理解；

（2）掌握活性炭吸附公式中常数的确定方法。

3.2.4.2　实验原理

活性炭对水中所含杂质的吸附既有物理吸附现象，也有化学吸着作用。有一些被吸附物质先在活性炭表面上积聚浓缩，继而进入固体晶格原子或分子之间被吸附，还有一些特殊物质则与活性炭分子结合而被吸着。水中所含的溶解性杂质在活性炭表面积聚而被吸附，同时也有一些被吸附物质由于分子的运动而离开活性炭表面，重新进入水中，即同时发生解吸现象。当吸附和解吸处于动态平衡时，称为吸附平衡。这时活性炭和水（即固相和液相）之间的溶质浓度具有一定的分布比值。如果在一定压力和温度条件下，用一定量（m）活性炭吸附溶液中的溶质，吸附平衡时被吸附的溶质质量为 x，则单位质量的活性炭吸附溶质的数量 q_e 即吸附容量，可按下式计算：$q_e = \dfrac{x}{m}$。

q_e 的大小除了取决于活性炭的品种之外，还与被吸附物质的性质、浓度、水的温度及 pH 有关。一般说来，当被吸附物质能够与活性炭发生结合反应时，被吸附物质不易溶解于水而受到水的排斥作用；活性炭对被吸附物质的亲和作用力强，被吸附物质的浓度又较大时，q_e 值就比较大。

描述吸附容量 q_e 与吸附平衡时溶液浓度 C 的关系有 Langmuir、BET 和 Freundlich 吸附等温式等。在水和污水处理中，通常用 Freundlich 吸附等温式比较不同温度和不同溶液浓度时活性炭的吸附容量，即

$$q_e = KC^{\frac{1}{n}}$$

式中　　q_e——吸附容量，mg/g；

　　　　K——与吸附比表面积、温度有关的系数；

　　　　n——与温度有关的常数，$n > 1$；

　　　　C——吸附平衡时的溶液浓度，mg/L。

这是一个经验公式，通常用图解方法求出 K、n 的值，为了方便、易解，往往将上式变换成线性对数关系式：

$$\lg q_e = \lg \frac{C_0 - C}{m} = \lg K + \frac{1}{n} \lg C$$

式中　　C_0——水中被吸附物质的原始浓度，mg/L；

　　　　m——活性炭投加量，mg/L。

3.2.4.3　实验设备和材料

本实验间歇性吸附采用三角烧瓶内装入活性炭和水样进行振荡的方法。

（1）智能型全温振荡器；

（2）锥形瓶（250mL，16 个）；

（3）紫外-可见分光光度计；

（4）漏斗（10 个）；

（5）温度计（刻度 0～100℃）；

（6）亚甲基蓝（分析纯）；

（7）比色管（100mL，7 个）；

（8）移液枪。

3.2.4.4　实验步骤

（1）绘制标准曲线

配制 100mg/L 亚甲基蓝溶液。用紫外-可见分光光度计对样品在 500～750nm 波长范围内进行全程扫描，确定最大吸收波长。一般最大吸收波长为 662～667nm。

（2）测定标准曲线

亚甲基蓝浓度为 0～4mg/L 时，浓度 C 与吸光度 A 成正比。分别移取 0mL、0.5mL、1.0mL、2.0mL、2.5mL、3.0mL、4.0mL 的 100mg/L 亚甲基蓝溶液于 100mL 比色管中，加水稀释至刻度，在上述最佳波长下，以蒸馏水为参比，测定吸光度。以浓度为横坐标，吸光度为纵坐标，绘制标准曲线，拟合出标准曲线方程。

（3）吸附等温线间歇式吸附实验步骤

将活性炭放在蒸馏水中浸 24h，然后放在 105℃烘箱内烘至恒重，再将烘干后的活性炭压碎，使其成为 200 目以下的粉状炭（因为粒状活性炭达到吸附平衡耗时太长，往往需数日或数周，为了使实验能在短时间内结束，多用粉状炭）。在锥形瓶中，装入 20mg 已准备好的粉状活性炭。

① 在锥形瓶中各注入 90mL 水，然后按下列体积加入浓度为 100mg/L 的亚甲基蓝溶液：0mL、4mL、8mL、12mL、16mL、20mL、22mL、26mL、30mL、32mL、36mL、40mL。

② 将锥形瓶置于振荡器上振荡 30min，然后用静置法移除活性炭，静置 30min。

③ 计算各个锥形瓶中亚甲基蓝的去除率、吸附量。

3.2.4.5 实验报告

（1）完成表 3-9 中内容。

表 3-9 活性炭吸附实验数据记录

浓度/(mg/L)	吸光度(A)	标准曲线方程/线性相关系数
0.0		
0.5		
1.0		
2.0		
2.5		
3.0		
4.0		当前温度：　　℃

（2）根据测定数据绘制吸附等温线。

（3）根据 Freundlich 吸附等温式，确定方程中的常数 K、n。

（4）讨论实验数据与吸附等温线的关系。

3.2.4.6 思考题

（1）吸附等温线有什么现实意义？

（2）作吸附等温线时为什么要用粉状炭？

3.2.5 加压溶气气浮实验

3.2.5.1 实验目的

(1) 掌握气浮静水方法的原理；
(2) 了解气浮工艺流程及运行操作。

3.2.5.2 实验原理

气浮法是固-液或液-液分离的一种方法。该方法通过某种方式产生大量的微气泡，使其与废水中密度接近于水的固体或液体微粒黏附，形成密度小于水的气浮体，在浮力的作用下，气浮体上浮至水面，实现固-液或液-液分离。

气浮法按水中气泡产生的方法可分为布气气浮法、溶气气浮法和电解气浮法等三种。由于布气气浮法一般气泡直径较大，气浮效果较差，而电解气浮法直径虽不大但电耗较大，因此在目前应用气浮法的工程中，溶气气浮法使用最多。

根据气泡析出时所处压力不同，溶气气浮法又可分为加压溶气气浮和容器真空气浮两种类型。前者是空气在加压条件下溶于水中，再使压力降至常压，把溶解的过饱和空气以微气泡的形式释放出来；后者是空气在常压或加压条件下溶入水中，而在负压条件下析出。加压溶气气浮是国内外最常用的一种气浮方法，是含乳化油废水处理不可或缺的工艺之一。

加压溶气气浮工艺由空气饱和设备、空气释放设备和气浮池等组成。其基本工艺流程有全溶气流程、部分溶气流程和回流加压溶气流程三种。

3.2.5.3 实验设备和材料

(1) 加压溶气气浮池模型一套；
(2) 空压机；
(3) 加压泵；
(4) 混凝剂 $Al_2(SO_4)_3$。

3.2.5.4 实验步骤

(1) 首先检查气浮实验装置各部分是否正确连接；
(2) 向回流加压水箱与其他池中注水，至有效水深的 90% 高度；
(3) 将含乳化油或其他悬浮物的废水加到废水配水箱中，并投 $Al_2(SO_4)_3$ 等混凝剂后搅拌混合，$Al_2(SO_4)_3$ 投加量为 $50 \sim 60mg/L$；
(4) 先开动空压机加压，必须加压至 $0.3MPa$ 左右，最好不低于 $0.2MPa$；

（5）开启加压泵，此时加压水量按 2~4L/min 控制；

（6）待气罐中的水位升至一定高度，缓慢地打开溶气罐底部的闸阀，其流量与加压水量相同，为 2~4L/min；

（7）经加压溶气的水在气浮池中释放并形成大量微小气泡时，再打开废水配水箱，废水进水量可按 4~6L/min 控制；

（8）开启空压机加压至 0.3MPa（并开启加压泵）后，空气量可先按 0.1~0.2L/min 控制，但考虑到加压溶气罐及管道中难以避免的漏气，空气量按水面在容器罐内的中间部位控制即可，多余的空气可以通过顶部的排气阀排出；

（9）出水可以排至下水道，也可回流至回流加压水箱；

（10）测定原废水与处理水的水质变化；

（11）也可以多次改变进水量、空气在溶气罐内的压力、加压水量等，测定分析原废水与处理水的水质。

3.2.5.5 实验报告

（1）根据实验设备尺寸与有效容积以及水和空气的流量，分别计算溶气时间、气浮时间、气水比等参数。

（2）观察实验装置运行是否正常，气浮池内的气泡是否很微小，并记录。若不正常，应分析原因并提出解决措施。

（3）计算不同运行条件下，废水中污染物（也可以用悬浮物表示）的去除率，以去除率为纵坐标，以某一运行参数（如溶气罐的压力、进水流量及气浮时间等）为横坐标，绘制污染物去除率与某运行参数之间的定量关系曲线。

3.2.5.6 思考题

电解凝聚气浮法与加压溶气气浮法对比，优缺点有哪些？

3.3 综合性实验

3.3.1 活性污泥培养与驯化实验

3.3.1.1 实验目的

（1）加深对活性污泥外观性状、微观状态的认识；

（2）掌握利用显微镜观察活性污泥的方法；

（3）掌握活性污泥的培养及驯化过程。

3.3.1.2　实验内容

（1）活性污泥外观性状观察；
（2）活性污泥显微镜样片的制作；
（3）活性污泥微观生物相的观察；
（4）活性污泥的培养及驯化。

3.3.1.3　实验原理和方法

活性污泥是人工培养的生物絮凝体，它是由好氧微生物及其吸附的有机物组成的，与常见的河道底部淤泥有一定区别。活性污泥具有吸附和分解废水中有机物（也有些可利用无机物）的能力，显示出生物化学活性。在污水处理厂的日常运行管理中，常常运用显微镜对生化池中的活性污泥进行观察，通过絮体的外观状态以及其中的微生物（如原生动物等）生长情况初步判定污水处理厂的运行状况。

3.3.1.4　实验设备和材料

（1）显微镜；
（2）城市生活污水处理厂活性污泥、淤泥；
（3）烧杯、滴管、玻璃棒、载玻片、盖玻片。

3.3.1.5　实验步骤

（1）用烧杯取少量城市生活污水处理厂生化池中的活性污泥，同时用另一烧杯取池塘或河流底部的淤泥作为对比。从外观上观察活性污泥与淤泥的差异，并做好记录（可结合照片等）。

（2）使用玻璃棒将烧杯中的活性污泥搅拌均匀，用滴管取一滴活性污泥到显微镜载玻片上，盖上盖玻片，放到显微镜载物台上，用 40× 物镜，逐渐调焦，对活性污泥的絮体形态进行观察（可拍照）。

（3）与第 2 步相同，换成淤泥进行观察。对比找出淤泥与活性污泥的差异。

（4）在盖玻片上滴上镜油，转换物镜到油镜状态（100×），观察活性污泥中的生物相（如原生动物、丝状细菌等），可拍照说明。

（5）同第 4 步，将观察的样品换成淤泥。

（6）以上步骤重复两次（重新取样制片）。

3.3.1.6　实验报告

（1）实验数据记录（附照片）

① 来源

活性污泥来源：

淤泥来源：

② 外观描述

活性污泥外观描述：

淤泥外观描述：

③ 微观描述

a. 活性污泥微观描述

　　　　　　　第一次：　　　　　第二次：　　　　　第三次：

b. 淤泥微观描述

　　　　　　　第一次：　　　　　第二次：　　　　　第三次：

（2）实验结果分析

根据以上记录内容，分析活性污泥的特点，活性污泥与淤泥的差异，等等。

3.3.1.7　注意事项

（1）实验前准备要充分，避免慌乱；

（2）仪器设备应按说明调整好，尽量减小误差；

（3）显微镜的操作及样片的制备要认真仔细，严格按操作规范进行。

3.3.1.8　思考题

（1）活性污泥与普通的淤泥有什么区别？

（2）活性污泥由哪些部分组成？

（3）活性污泥用于处理工业废水时应该怎样驯化？

3.3.2　化学氧化法处理有机废水实验

3.3.2.1　实验目的

化学氧化法是利用氧化剂氧化分解废水中污染物的一种化学处理方法。氧化剂能把废水中的有机物逐步降解成简单的有机物和无机物，对于废水中难生物降解的有机物特别适用。氯氧化脱色法就是利用废水中的显色有机物易于被氧化的特性，以氯或其化合物作为氧化剂，氧化显色有机物并破坏其结构，从而达到脱色目的。常用的氯氧化剂有液氯、漂白粉和次氯酸钠等。其中，次氯酸钠投加具有设备简单、产泥量少、应用范围较广的优点，但也有价格较高等不足。

本实验以次氯酸钠为氧化剂，以染料废水为处理对象，要求达到以下实验目的：

（1）掌握次氯酸钠氧化处理染料废水中有机物及脱色的机理、氯氧化法处理工业废水的实验操作方法；

（2）分析 pH 对次氯酸钠氧化处理染料废水效果的影响；

（3）熟悉色度测定的方法。

3.3.2.2　实验内容

（1）进行废水 pH 的调节；

（2）利用次氯酸钠作为氧化剂处理废水；

（3）测定废水色度并计算去除率。

3.3.2.3　实验原理和方法

次氯酸钠与氯气有相同的氧化消毒作用，其机理是次氯酸钠在溶液中水解后生成次氯酸（HClO），HClO 分子极不稳定，分解生成的次氯酸根离子（ClO^-）极易得到电子而具有极强的氧化性，最终被还原成 Cl^- 或 Cl_2。因此，ClO^- 和 Fe^{2+}、S^{2-}、I^-、HS^-、SO_3^{2-}、HSO_3^- 等还原性离子因为发生氧化还原反应而不可以大量共存。HClO 也可以分解生成具有强氧化作用的新生态氧 [O]，能与饱和脂肪酸，以及含活性氢、还原性氢和易氧化官能团（不饱和官能团如双键等）的有机物反应，能氧化废水中大多数的有机物。

同时，次氯酸钠的强氧化性能破坏碳碳双键、羧基、偶氮基、硝基等发色基团，使得这些发色基团断裂或形成新的官能团，以改变化学结构、失去发色能力，从而实现废水颜色的脱除。

实验过程中，水样的色度可采用色度计直接测定，也可以采用稀释倍数法测定，但要注意逐步稀释，避免误差过大。

3.3.2.4　实验设备和材料

（1）实验水样

人工配制含亚甲基蓝的模拟染料废水。

（2）实验材料

a. 次氯酸钠溶液：工业品，含有效氯质量分数为 12%；

b. NaOH 标准溶液（0.25mol/L）：称取 5g 分析纯 NaOH，用去离子水溶解后稀释，定容至 500mL；

c. 稀 HCl 标准溶液（0.25mol/L）：用量筒量取 37% 分析纯浓 HCl 10.5mL，缓慢加入水中，然后定容至 500mL。

（3）实验器材

a. 磁力搅拌器；

b. pH 计；

c. 色度计或比色管；

d. 其他：1000mL 烧杯、100mL 量筒、移液管、秒表、温度计等。

3.3.2.5 实验步骤

（1）用量筒分别量取 100mL 的染料废水水样倒入三个 1000mL 烧杯中，用 NaOH 标准溶液和稀 HCl 标准溶液调节废水的 pH，使其 pH 分别为 5.0、7.0、9.0。

（2）用移液管加入 1mL 的 NaClO 溶液，放到磁力搅拌器搅拌反应 30min（秒表计时）。搅拌器的转速要进行控制，避免溶液溅出。注意 NaClO 使用过程中应做好安全防护。

（3）反应完成后，取上清液使用色度计或比色管测定其色度。同时，用温度计测量烧杯中废水的温度，用 pH 计测量其 pH 值。

3.3.2.6 实验报告

（1）将实验数据记录于表 3-10 中。

表 3-10　化学氧化法处理有机废水实验记录

原废水水样来源＿＿＿＿＿＿　　水样体积＿＿＿＿＿mL　　色度＿＿＿＿＿
反应时间＿＿＿＿min　　　　　水温＿＿＿＿℃　　　　NaClO 溶液投加量＿＿＿mL

序号	原水初始 pH	原水调节后 pH	处理后废水 pH	处理后废水色度	废水色度去除率/%	备注
1						
2						
3						

（2）废水色度去除率（％）根据下列公式进行计算。

$$色度去除率(\%)=[(C_0-C_t)/C_0]\times100\%$$

式中　C_0——原废水色度，倍；

　　　C_t——不同反应条件处理后废水色度，倍。

（3）根据实验结果，分析初始 pH 对处理效果的影响并确定合适的 pH。

3.3.2.7 注意事项

实验过程中应注意氧化剂、强酸、强碱的使用安全。

3.3.2.8 思考题

（1）为什么要控制磁力搅拌器搅拌反应 30min？
（2）除 pH 外，还有哪些因素可以影响次氯酸钠氧化处理染料废水的效果？

3.3.3　臭氧氧化法处理难降解有机废水实验

3.3.3.1 实验目的

臭氧是一种强氧化剂。其氧化能力在天然元素中仅次于氟。臭氧在水处理中可用于除臭、杀菌、脱色、除铁、除氰化物、除有机物等。

通过本实验达到下述目的：

（1）通过调节臭氧浓度（送气量）测定其反应时间及效果等；

（2）通过对反应柱的直接观察及对水样色度的测定，了解臭氧脱色的情况。

3.3.3.2　实验内容

（1）臭氧发生器的使用；

（2）臭氧脱色效率的测定。

3.3.3.3　实验原理和方法

臭氧对脱色、杀菌、除臭都有显著效果，例如酚与臭氧反应，首先被氧化成邻苯二酚，邻苯二酚继续被氧化成邻醌。如果在处理过程中有足够的臭氧，则氧化反应继续下去。在反应中只有少量的酚能完全氧化为二氧化碳和水。本实验利用臭氧的强氧化能力破坏碳碳双键、羧基、偶氮基、硝基等发色基团，使得这些发色基团断裂或形成新的官能团，以改变化学结构、失去发色能力，从而实现废水颜色的脱除。实验中，臭氧作为氧化剂通过氧化柱逐渐被废水吸收，在反应柱中放置聚丙烯填料球能增加臭氧与染料废水的接触面积，从而可以达到更好的脱色效果。

3.3.3.4　实验设备和材料

（1）实验水样

人工配制含亚甲基蓝的模拟染料废水。

（2）实验器材

a. 臭氧脱色实验装置（带臭氧发生器）；

b. pH 计；

c. 比色管；

d. 温度计、秒表、烧杯等。

3.3.3.5　实验步骤

（1）将自配水样装满臭氧脱色实验装置的低位水箱，然后启动水泵将水送至反应柱，注意控制流量的阀门不要全开，应缓慢开启；

（2）此时排水阀应为关闭，待水箱水徐徐送入反应柱至预定高度后，开启排水阀门，使进出水流量达到平衡；

（3）打开臭氧发生器送气阀，臭氧由反应柱底部经布气进入柱内，与水充分接触（气泡越细越好）；

（4）调节阀门，将各转子流量计读数调至所需值，包括液体流量计和气体流量计；

（5）打开制备臭氧按键，开始制备臭氧；

（6）用秒表计时，反应5min后，用2个烧杯分别取出少量原水和出水水样，再用比色管分别测量原水和出水的色度，计算去除率，同时，用温度计和pH计测量原水水温及pH值，做好记录；

（7）做完实验后，关闭臭氧发生器，切断实验装置电源。

3.3.3.6 实验报告

（1）将实验数据记录于表3-11中。

表3-11 臭氧氧化法处理难降解有机废水实验记录

原废水水样来源＿＿＿＿＿＿＿＿ 色度＿＿＿＿＿＿ 水温＿＿＿＿＿℃

pH＿＿＿＿＿ 备注＿＿＿＿＿＿＿＿＿＿＿

序号	处理水流量/(L/h)	臭氧气体流量/(L/min)	处理后废水pH	处理后废水色度	废水色度去除率/%
1					
2					
3					

（2）废水色度去除率（%）根据下列公式进行计算。

$$色度去除率(\%)=[(C_0-C_t)/C_0]\times100\%$$

式中 C_0——原废水色度，倍；

C_t——不同反应条件处理后废水色度，倍。

（3）通过以上记录，分析臭氧氧化脱色的特点，并与次氯酸钠氧化脱色效果进行对比。

3.3.3.7 注意事项

使用臭氧发生器时应注意开窗通风。

3.3.3.8 思考题

（1）臭氧在污水处理中有哪些运用？

（2）运用臭氧脱色有哪些优缺点？

3.3.4 完全混合式活性污泥系统模拟实验

3.3.4.1 实验目的

完全混合式活性污泥系统模拟实验的目的是配合水污染控制工程课程中所掌握的相关内容，直观了解污水处理构筑物型式、内部构造及水在构筑物内的流动轨迹，加深对所学内容的理解。

通过本实验，希望达到下述目的：

（1）通过观察完全混合式活性污泥法处理系统的运行，加深对该处理系统特点及运行规律的认识；

（2）通过对模型实验系统的调试和控制，初步培养进行小型模拟实验的基本技能；

（3）熟悉活性污泥法处理系统的控制方法，进一步理解污泥负荷、污泥龄、溶解氧浓度等控制参数及其在实际运行中的作用。

3.3.4.2　实验内容

（1）操作运行完全混合式活性污泥法处理系统；

（2）测定各种常规运行参数，调节反应器；

（3）测定常规水质参数。

3.3.4.3　实验原理和方法

活性污泥法是污水处理的主要方法之一。从国内外的污水处理现状来看，大部分城市污水和几乎所有的有机工业废水都采用活性污泥法来处理。因此，了解和掌握活性污泥法处理系统的特点和运行规律以及实验方法非常重要。

活性污泥法处理系统中完全混合式曝气沉淀池具有抗冲击负荷能力强、曝气池内水质均匀、需氧速率均衡、污泥负荷相等、微生物组成相近和动力消耗较低等优点，但微生物对有机物降解力低，易产生污泥膨胀，出水水质稍差。

对于特定的处理系统，在一定条件下，运行的控制参数有污泥负荷、水力停留时间、曝气池中溶解氧浓度（可用气水比来控制）、污泥排放量等，这些参数也是设计污水处理厂的重要参考数据。在小型活性污泥实验系统运行中，必须严格控制以下几个参数。

（1）污泥负荷（N_s）

污泥负荷是活性污泥生物处理系统在设计运行中最主要的一项参数，一般 N_s（以 BOD 和 MLSS 质量计）=0.1～0.4kg/(kg·d)。

（2）污泥龄（SRT）

污泥龄是指曝气池内活性污泥总量与每日排泥量之比，表示活性污泥在曝气池内的平均停留时间，一般可控制在 2～10d。

（3）水力停留时间（HRT）

HRT 指反应器容积与流量的比值，表示污水在反应器中的平均停留时间，可控制在 5～20h。

（4）溶解氧浓度（DO）

好氧反应器 DO 一般应控制在 2.0mg/L 以上。

BOD$_5$测定方法如下。

① 预先估计被测样品的 BOD$_5$ 范围，选择接近的量程。根据选定的测量范围，从表 3-12 中查得取样量以及标尺系数。

表 3-12　BOD$_5$ 范围与对应的取样量和标尺系数

BOD$_5$ 测量范围/ （mg/L）	取样量/ mL	标尺系数
0～25	494	0.25
0～50	440	0.50
0～100	361	1.00
0～200	266	2.00
0～300	211	3.00
0～400	175	4.00
0～500	150	5.00
0～600	130	6.00
0～800	103	8.00
0～1000	86	10.00

② 按照取样量用量筒量取相应待测水样于培养瓶中，再用移液枪加入 1mL 活性污泥。

③ 每只培养瓶中放入 1 只搅拌子，将培养瓶放置在主机对应位置上。取密封杯 1 个，在其中放入 5～6 粒 NaOH 颗粒，将密封杯放置在培养瓶瓶口处，拧上培养瓶瓶盖。

④ 松开水柱盖子，待汞柱稳定后再拧上水柱盖子。松开固定压力计刻度尺的旋钮，并调节刻度尺，使 0 刻度正好与汞柱的顶端水平重合，然后重新拧紧旋钮。

⑤ 如果不能调节到 0 刻度，再次松开培养瓶瓶盖，重新调整刻度尺的位置。

⑥ 五日后，读取刻度尺上的读数，并进行下列计算，得出测定水样的 BOD$_5$ 值。

$$BOD_5(mg/L) = 样品标尺读数(mm) \times 标尺系数 \times 稀释倍数$$

3.3.4.4　实验设备和材料

（1）完全混合式活性污泥实验装置；

（2）DO 仪；

（3）pH 计；

（4）秒表；

（5）NH$_3$-N 快速测定仪；

（6）BOD_5 测定仪；

（7）温度计、烧杯、量筒、漏斗、滤纸等。

3.3.4.5 实验步骤

（1）检查完全混合式活性污染实验装置是否齐全并接通电源。

（2）检查装置是否漏水，风机曝气是否正常。

（3）活性污泥培养和驯化，对污水处理厂曝气池内的活性污泥进行接种。

（4）将待处理污水注入水箱，培养好的活性污泥装入曝气池内。调节污泥回流缝大小和挡板高度。

（5）调节进水流量并做好记录（用量筒和秒表测量流量），按照测定流量计算HRT，时长控制在 5～20h 之间。

（6）调节曝气池气量（自行设定，不要太大），做好记录。

（7）观察曝气池中气水混合、沉淀池中污泥沉降过程及污泥通过回流缝回流至曝气池的情况。

（8）利用温度计、pH 值、DO 仪分别测定曝气池内水温、pH、DO。

（9）使用 NH_3-N 快速测定仪测定进水、出水的 NH_3-N，并计算反应器的氨氮去除率。

（10）利用 BOD_5 测定仪测定进水、出水的 BOD_5 值，计算去除率。

3.3.4.6 实验报告

（1）实验数据记录（表 3-13）

表 3-13 完全混合式活性污泥法处理系统实验记录

反应器体积：_____L   好氧池曝气量：_____L/min

水温 /℃	pH	进水流量 /(mL/min)	曝气池 DO /(mg/L)	进水 BOD_5 /(mg/L)	出水 BOD_5 /(mg/L)	进水氨氮 /(mg/L)	出水氨氮 /(mg/L)

（2）实验数据处理

a. 反应器 HRT 的计算；

b. 反应器氨氮去除率的计算；

c. 反应器 BOD_5 去除率的计算。

（3）实验结果分析

通过以上记录，分析完全混合式活性污泥处理系统的特点，以及 HRT、DO、水温等参数对处理效果的影响。

3.3.4.7　注意事项

（1）由于实验项目多，实验前准备要充分，各组需做好实验参数设计及分工再进行操作；

（2）仪器设备应按说明调整好，尽量减小误差。

3.3.4.8　思考题

（1）简述完全混合式活性污泥法处理系统的特点。

（2）影响完全混合式活性污泥法处理系统效果的因素有哪些？

3.4　仿真实验

传统的污水处理实验通常是利用实验设备进行的，生产实习也以现场参观污水处理厂为主。学生在实验、实习过程中，无法直观观察到污/废水处理构筑物的详细结构，难以实现参数设计运算与实验过程相结合，较难理解过程调控和结果之间的响应关系。针对上述问题，在传统污水处理实验、实习的基础上，借助计算机仿真等先进技术手段，通过虚拟仿真实验项目，学生可以在虚拟场景下独立完成实验内容，有利于提升理论与实践相结合以及实际动手操作能力，开阔眼界，启发思考，提高创新思维，并促进工程思维的发展。

本节所述虚拟仿真实验项目使用的仿真软件均由北京欧倍尔软件技术开发有限公司研发。

3.4.1　A^2/O 工艺水处理仿真实验

3.4.1.1　实验简介

在水环境治理中，A^2/O（anaerobic-anoxic-oxic activated sludge process，即厌氧-缺氧-好氧活性污泥法）工艺是一种常用的污水处理工艺，它集脱氮、除磷工艺于一体，在废水处理过程中可同时实现脱氮和除磷目的，目前已广泛用于处理城市生活污水及工业废水。

3.4.1.2　实验目的

本实验主要目的是增强学生综合运用知识的能力、实践动手能力，激发学生的创新潜力，培养学生的社会责任感和工匠精神。学生通过本实验项目，可达到以下学习目标：

（1）通过典型城市污水处理厂的场景虚拟仿真，熟悉污水处理厂的主体工艺

（A^2/O 工艺）结构、流程及平面布局规范，掌握污水处理厂工艺设备的种类、数量、位置、安装方式及操作方法，熟悉污水处理厂不同功能车间内设备布局、管道布置以及操作维修空间的安排等。

（2）通过正常工况下的综合操作控制演练，熟悉并掌握主要污水处理单元的详细结构及组成，掌握污水处理厂主要构筑物设施的功能、设计参数及特点，了解污水处理厂的安全注意事项及操作流程。

（3）通过事故工况下的综合操作控制演练，掌握常见事故工况的场景及影响因素，并进行事故判断和参数设计计算，从而提高解决实际问题的能力，培养创新能力。

3.4.1.3 实验原理

A^2/O 工艺具体流程如下：污水通过粗格栅、细格栅以去除固体悬浮物；然后进入曝气沉砂池，主要目的为去除污水中密度较大的无机颗粒物如泥沙等；随后进入厌氧-缺氧-好氧工段，通过不同工段中微生物的协调作用，达到处理常规有机污染物和脱氮除磷的效果；经过生物降解后的污水经配水井流至二沉池进行泥水分离，二沉池的出水达标后即可排放。二沉池的污泥除部分回流至缺氧工段外，其余污泥经浓缩脱水后外运处理。A^2/O 工艺流程见图3-4。

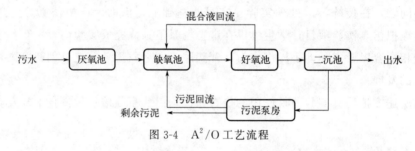

图 3-4 A^2/O 工艺流程

A^2/O 工艺是传统活性污泥工艺、生物硝化及反硝化工艺和生物除磷工艺的综合，其各工段的功能如表 3-14 所示。

表 3-14 **A^2/O 工艺各工段功能**

序号	工段名称	功能
1	厌氧工段	经格栅、沉砂池、初沉池后的污水首先进入厌氧区。系统回流污泥中的兼性厌氧发酵菌将污水中可生物降解的有机物转化为小分子发酵产物，如挥发性脂肪酸（VFA）等；聚磷菌则释放菌体内储存的多聚磷酸盐和能量，其中部分能量供专性好氧的聚磷菌在厌氧抑制环境中生存，另一部分能量则供聚磷菌主动吸收污水中的发酵产物，并以聚羟基脂肪酸酯（PHA）的形式在菌体内贮存起来。这样，部分碳可在厌氧区得以去除。污水在厌氧区停留足够时间后，即进入缺氧区
2	缺氧工段	在缺氧池中，反硝化细菌利用从好氧区中经混合液回流带来的大量硝酸盐（视内回流比而定），以及污水中可生物降解的有机物（主要是溶解性可快速生物降解有机物）进行反硝化反应，达到同时去碳和脱氮的目的。含有较低浓度碳、氮和较高浓度磷的污水随后进入好氧区

序号	工段名称	功能
3	好氧工段	好氧池聚磷菌在曝气充氧条件下分解体内贮存的 PHA 并释放能量,用于菌体生长及主动超量吸收周围环境中的溶解性磷,这些被吸收的溶解性磷在聚磷菌体内以聚磷盐形式存在,使得污水中磷的浓度大大降低。污水中各种有机物在经历厌氧、缺氧环境后,进入好氧区时其浓度已经相当低,这将有利于自养硝化菌的生长繁殖。硝化菌在好氧的环境中将完成氨化和硝化作用。在二次沉淀池之前,大量的回流混合液将把产生的硝酸盐带入缺氧区进行反硝化脱氮

环境工程水处理 3D 实验仿真软件通过采用 3D 建模仿真技术能够实现污水处理构筑物场景全方位自主漫游,可以通过菜单索引和移动到达不同构筑物的各个角落,使学生对池体的壁厚、构筑物的外观形貌、走道板宽度、栏杆高度等有直观的印象。通过菜单引导,学生可以体验完整的污水处理流程,例如:启动曝气鼓风机并设置曝气量,观察 A^2/O 好氧工段处理效果;开启刮泥机和脱水离心机对污泥进行浓缩;在事故工况下排查原因,合理调整相应参数;等等。

3.4.1.4　实验方法

本实验项目共分为三个层次,分别为理论知识学习（图 3-5）、实验设计提升、反思优化应用。在每个层次中,都需要学生进行自主学习和实验操作,同时为了保证学习的有效性,在虚拟仿真界面内设置了任务板（图 3-6）,任务板上对应实验步骤前的"√"号（软件中显示为红色）代表已经完成了该场景的有效探索。在考核模式中,可根据学生的学习操作情况自动进行考核评价。通过三层次多维互动的学习,充分考核学生知识掌握程度、设计能力和应急事故处理能力。

3.4.1.5　实验步骤

实验模拟操作步骤和参数设计详细说明如下。

（1）粗格栅工段

① 打开进水调节阀 V01V101。

② 调节进水流量至设计流量（8333.3m³/h）。

③ 打开 1# 粗格栅进水渠闸板阀 V01G101 和出水渠闸板阀 V02G101。

④ 打开 2# 粗格栅进水渠闸板阀 V01G102 和出水渠闸板阀 V02G102。

⑤ 1# 粗格栅渠进水后,启动粗格栅 G101;2# 粗格栅渠进水后,启动粗格栅 G102。

⑥ 格栅启动后,再启动栅渣输送机 Z101 和 Z102;提升泵房液位至≥50％时,分别启动粗格栅提升泵 P101～P104。

⑦ 调节 1#、2# 过栅流速至正常范围内（0.6～0.9m/s）,同时调节粗格栅出水流量与进水流量持平（8333.3m³/h）。

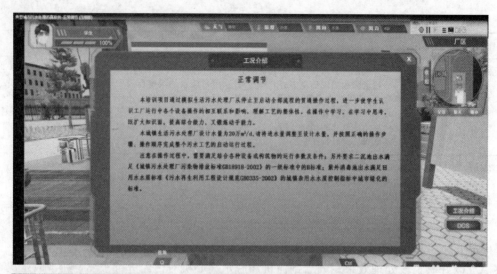

图 3-5　理论知识学习

图 3-6　任务板界面

（2）细格栅工段

① 打开 1# 细格栅进水渠闸板阀 V01G104 和出水渠闸板阀 V02G104。

② 打开 2# 细格栅进水渠闸板阀 V01G105 和出水渠闸板阀 V02G105。

③ 1# 细格栅进水后，启动细格栅 G104；2# 细格栅进水后，启动细格栅 G105。

④ 启动栅渣输送机 Z103。

⑤ 调节 4#、5# 过栅流速至正常范围内（0.6～0.9m/s）。

（3）钟式沉砂池工段

① 打开 1#、2#、3# 沉砂池进水渠闸板阀 V01M101、V01M102、V01M103 和出水渠闸板阀 V02M101、V02M102、V02M103。

② 1#、2#、3# 沉砂池进水后，启动沉砂池搅拌机 M101、M102、M103。

③ 调节 1#、2#、3# 渠流速至正常范围内（0.6～0.9m/s）。

（4）初沉池工段

① 启动初沉池刮泥机 M201。

② 调节刮泥机转速至 0.095r/min。

（5）A^2/O 工段

① 打开 1#、2# 厌氧池进水分配阀 V01V105、V02V105（开度至 50%）。

② 启动 1#、2# 厌氧池潜水搅拌机 M301～M304，M309～M312；启动 1# 缺氧池潜水搅拌机 M305～M308，M313～M316。

③ 启动混合液内回流泵 P201、P202。

④ 设计曝气量，打开 1#、2# 好氧池曝气量分配阀 V05V105、V06V105（图 3-7）。

图 3-7　模拟操作——参数设计

⑤ 启动鼓风机 F101、F102、F103。

⑥ 设计污泥回流比，打开 1#、2# 厌氧池外回流污泥分配阀 V03V105、V04V105。

⑦ 启动污泥外回流泵 P301、P302、P303。

⑧ 调节 1#、2# 厌氧池 DO（溶解氧）值至正常范围（0.2mg/L 以下），调节 1#、2# 缺氧池 DO 值至正常范围（0.2～0.5mg/L），调节 1#、2# 好氧池 DO 值至正常范围（2～3mg/L）。

（6）二沉池工段

① 打开 1#、2#、3# 二沉池进水阀 V01V106A、V01V106B、V01V106C，出水阀 V03V106A、V03V106B、V03V106C，排泥阀 V02V106A、V02V106B、V02V106C。

② 启动二沉池刮泥机 M401、M402、M403，并将刮泥机转速调至 0.1r/min。

（7）V 型滤池工段

① 启动二次提升泵 P401。

② 打开 1#～12# 滤池进水阀 V01V107A～V01V107L。

③ 打开 1#～12# 滤池出水阀 V02V107A～V02V107L。

（8）紫外消毒池工段

启动紫外灯模块组 W101、W102、W103。

（9）污泥工段

① 启动污泥泵 P305。

② 打开 1#、2# 污泥浓缩池进泥阀 V01V109A、V01V109B。

③ 启动 1#、2# 污泥浓缩池刮泥机 M501、M502，打开 1#、2# 污泥浓缩池排泥阀 V02V109A、V02V109B。

④ 启动均质池潜水搅拌机 M601。

⑤ 启动污泥泵 P601、P602，启动离心脱水机 L101、L102、L103。

⑥ 启动螺旋输送机 Z201～Z206。

（10）系统综合调节

① 1#、2#、3# 二沉池出水 COD_{Cr}、BOD_5、SS、TN（总氮）、TP（总磷）、NH_3-N（氨氮）合格。

② V 型滤池出水浊度合格。

③ 紫外消毒池出水大肠杆菌类合格。

（11）反思优化应用（事故工况情景模拟）

在此情景下，学生需根据处理单元说明及分散控制系统（DCS）接口中的工艺指标，判断事故类型并提出解决措施（图 3-8）。

① 事故 1。事故说明：见图 3-9。

仿真操作：

a. 调节 1#、2# 厌氧池污泥外回流比至正常范围（50% 左右）。

运行说明

事故说明

图(1) 图(2)   图(1) 图(2)

运行过程中，发现好氧池出现图(1)所示现象。 运行过程中二沉池出水水质浑浊，出现图(1)所示的
操作工取样化验，测得SVI值约为180mL/g；经显 现象，经显微镜观察污泥的絮体如图(2)所示。取样化验
微镜观察如图(2)所示。请根据以上的现象及数据 SVI值仅为40mL/g。请根据以上现象及数据结合DCS工
结合DCS工艺指标，判断原因并给予解决措施。 艺指标，判断事故原因并给予解决措施。

图 3-8　反思优化应用——事故判断及应急处理

事故说明

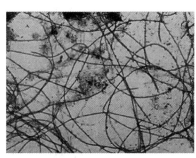

图(1)   图(2)

运行过程中，发现好氧池出现图(1)所示现象。操作工取样化验，测得
SVI值约为180mL/g；经显微镜观察如图(2)所示。请根据以上的现象及数据
结合DCS工艺指标，判断原因并给予解决措施。

图 3-9　事故 1 说明

b. 确保 $1^{\#}$、$2^{\#}$ 厌氧池 DO 值至正常范围（$\leqslant 0.2mg/L$）。

【注释：在调整污泥外回流比时，厌氧池 DO 值应在正常范围，可以通过调整污泥回流泵 P301、P302、P303、P304 的频率进行污泥量的调节，分别调整污泥外回流比至 50%。】

c. 调节 $1^{\#}$ 好氧池、$2^{\#}$ 好氧池 DO 值至正常范围（$2\sim3mg/L$）。

【注释：可通过调整鼓风机 F101、F102、F103、F104 的频率进行曝气量的调节，分别调整 $1^{\#}$、$2^{\#}$ 好氧池 DO 至 $2\sim3mg/L$。】

d. $1^{\#}$ 好氧池 COD_{Cr} 出水浓度应在正常范围（$\leqslant 60mg/L$），$1^{\#}$ 好氧池 BOD_5 出水浓度应在正常范围（$\leqslant 20mg/L$）。

e. $2^{\#}$ 好氧池 COD_{Cr} 出水浓度应在正常范围（$\leqslant 60mg/L$），$2^{\#}$ 好氧池 BOD_5 出水浓度应在正常范围（$\leqslant 20mg/L$）。

【注释：在调整过程中需要保证好氧池出水指标正常。】

② 事故 2。事故说明：见图 3-10。

事故说明

图(1)   图(2)

运行中发现二沉池出现如图(1)、图(2)所示的异常现象。请根据A^2/O池工艺运行参数，判断原因并给予解决措施。

图 3-10 事故 2 说明

仿真操作：

a. 打开剩余污泥泵 P305。

【注释：及时排走剩余污泥。】

b. 调节 $1^{\#}$、$2^{\#}$ 好氧池 DO 值至正常范围（2～3mg/L）。

【注释：可通过调整鼓风机 F101、F102、F103、F104 的频率进行曝气量的调节，分别调整 $1^{\#}$、$2^{\#}$ 好氧池 DO 至 2～3mg/L。】

c. $1^{\#}$ 好氧池 COD_{Cr} 出水浓度应在正常范围（≤60mg/L），$2^{\#}$ 好氧池 COD_{Cr} 出水浓度应在正常范围（≤60mg/L）；$1^{\#}$ 好氧池 BOD_5 出水浓度应在正常范围（≤20mg/L），$2^{\#}$ 好氧池 BOD_5 出水浓度应在正常范围（≤20mg/L）。

【注释：在调整过程中需要保证好氧池出水指标正常。】

③ 事故 3。事故说明：总进水浓度指标中总磷（TP）异常，请结合 DCS 工艺，给予解决措施。

仿真操作：

a. 调节 $1^{\#}$、$2^{\#}$ 厌氧池污泥外回流比至正常范围（50%左右）。

【注释：可以通过调整污泥回流泵 P301、P302、P303、P304 的频率进行污泥量的调节，分别调整污泥外回流比至 50%。】

b. 选择除磷药剂聚合氯化铝 PAC（在 2D 界面操作，钟式沉砂池之前）。

c. 打开加药阀 V01V103。

d. 调节 $3^{\#}$ 二沉池出水阀 V03V106A、V03V106B、V03V106C，观察出水 TP 浓度是否在正常范围（≤0.1mg/L）。

【注释：调整 PAC 加药量，使二沉池出水指标正常。】

e. $1^{\#}$ 好氧池 COD_{Cr} 出水浓度应在正常范围（≤60mg/L），$2^{\#}$ 好氧池 COD_{Cr} 出水浓度应在正常范围（≤60mg/L）；$1^{\#}$ 好氧池 BOD_5 出水浓度应在正常范围（≤20mg/L），$2^{\#}$ 好氧池 BOD_5 出水浓度应在正常范围（≤20mg/L）。

【注释：在调整过程中需要保证好氧池出水指标正常。】

④ 事故 4。事故说明：总进水浓度指标 pH 异常（pH<6），请结合 DCS 工艺，给予解决措施。

仿真操作：

a. 选择药剂 $Ca(OH)_2$；

b. 打开加药阀 V02V101；

c. 调节加药阀 V02V101 开度至进水 pH 值至正常范围（6.5～8.5）。

⑤ 事故 5。事故说明：总进水浓度指标 pH 异常（pH>9），请结合 DCS 工艺，给予解决措施。

仿真操作：

a. 选择药剂 H_2SO_4；

b. 打开加药阀 V02V101；

c. 调节加药阀 V02V101 开度至进水 pH 值至正常范围（6.5～8.5）。

⑥ 事故 6。事故说明：见图 3-11。

事故说明

　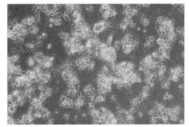

图(1)　　　　　　　　　　　　图(2)

运行过程中二沉池出水水质浑浊，出现图(1)所示的现象，经显微镜观察污泥的絮体如图(2)所示。取样化验 SVI 值仅为 40mL/g。请根据以上现象及数据结合 DCS 工艺指标，判断事故原因并给予解决措施。

图 3-11　事故 6 说明

仿真操作：

a. 确保 1#、2# 厌氧池 DO 值在正常范围（≤0.2mg/L）。

【注释：在调整污泥外回流比时，厌氧池 DO 值应在正常范围，可以通过调整污泥回流泵 P301、P302、P303、P304 的频率进行污泥量的调节，分别调整污泥外回流比至 50%。】

b. 调节 1#、2# 好氧池 DO 值至正常范围（2～3mg/L）。

【注释：可通过调整鼓风机 F101、F102、F103、F104 的频率进行曝气量的调节，分别调整 1#、2# 好氧池 DO 至 2～3mg/L；调整过程中，需要保证 1#、2# 厌氧池 DO 在正常范围。】

c. 1# 好氧池 COD_{Cr} 出水浓度应在正常范围（≤60mg/L），2# 好氧池 COD_{Cr} 出水

浓度应在正常范围（≤60mg/L）；1#好氧池 BOD_5 出水浓度应在正常范围（≤20mg/L），2#好氧池 BOD_5 出水浓度应在正常范围（≤20mg/L）。

【注释：在调整过程中需要保证好氧池出水指标正常。】

3.4.1.6 实验结果与结论

通过"A^2/O工艺水处理仿真实验"项目，学生能够较好地认识典型城市污水处理厂的运行流程及污水处理单元的工艺原理，掌握各构筑物的工艺特点及污水处理厂重要设计参数，熟悉常见事故工况及应急处理措施；根据学生理论知识学习情况、实验模拟操作情况、事故工况判断及应急处理情况和实验报告进行考核评价，充分考核学生知识掌握程度、实验模拟操作能力和实验应用能力。

本虚拟仿真实验项目在教学过程中，上机实验成绩占总成绩70%，实验报告成绩占总成绩30%，加权累计后即为本项目的最终考核分数。

3.4.2 造纸废水综合处理系统虚拟仿真实验

3.4.2.1 实验简介

造纸废水成分复杂，含有大量的有机污染物，属于高浓度有机废水。党的二十大报告提出"积极稳妥推进碳达峰碳中和"，实现造纸废水的高效处理尤为迫切。

"造纸废水综合处理系统虚拟仿真实验"项目，采用 IC 厌氧反应器（内循环厌氧反应器）＋射流曝气＋芬顿反应池工艺作为高浓度有机废水典型——造纸废水处理的第二、三阶段工艺。该工艺成熟稳定，已实际应用于造纸行业废水处理，处理效果良好。

3.4.2.2 实验目的

学生通过本实验项目，具体达到以下目标：

（1）通过造纸废水综合处理系统虚拟仿真实验，熟悉造纸废水处理的典型工艺结构、流程及平面布局规范，掌握造纸废水主要处理单元内部结构及管道布置等；

（2）通过不同实验项目的操作演练，掌握造纸废水处理主要构筑物设施的功能、设计参数及特点；

（3）通过不同事故工况下的综合操作控制演练，掌握常见事故工况的影响因素，熟悉事故发生状况下的处置措施，从而达到理论与实践相结合的目的。

3.4.2.3 实验原理

针对废水特点，本实验项目采用厌氧-好氧相结合的方法对造纸废水进行处理。工艺流程如图 3-12 所示。

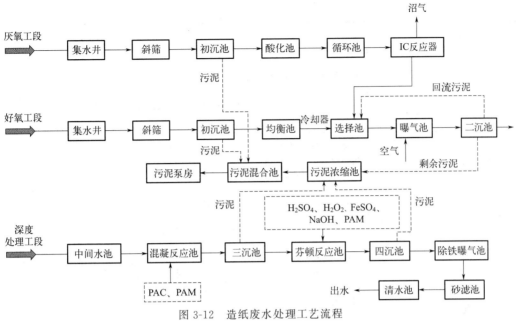

图 3-12 造纸废水处理工艺流程

IC 厌氧反应器＋射流曝气＋芬顿反应池工艺中主要构筑物说明如表 3-15 所示。

表 3-15 IC 厌氧反应器＋射流曝气＋芬顿反应池工艺中主要构筑物说明

序号	构筑物名称	说明
1	集水井	内置格栅,在汇集、储存废水和均衡废水水质水量的同时,去除废水中的悬浮物、漂浮物等
2	斜筛	造纸废水中含大量细小纸浆纤维,不能被格栅截留,也难以通过沉淀去除,这些细小纸浆纤维会缠住水泵叶轮,堵塞填料,将严重影响废水处理系统的处理效果,同时也会造成纸浆浪费。这种呈悬浮状的细纤维可通过筛网或捞毛机去除,斜筛的去除效果可相当于初次沉淀池。斜筛可有效去除和回收废水中棉、化学纤维杂质等,具有简单、高效、不加化学药剂、运行费用低、占地面积小及维修方便等优点。在造纸废水处理中,斜筛可用来回收大纤维物质,是去除悬浮物的重要设施,可减轻后续处理设施的处理负荷。此外,斜筛截留的纤维经收集后可回用于生产
3	初沉池	去除废水中的悬浮物
4	酸化池	水解酸化能将难降解有机物分解成易降解有机物,将大分子有机物降解成小分子有机物,而微生物对有机物的摄取只有溶解性的小分子物质才可直接进入细胞内,不溶性大分子物质则首先要通过胞外酶的分解才得以进入微生物体内代谢。因此,水解酸化的产物为微生物摄取有机物提供了有利条件,水解酸化可大大提高废水的可生化性,改善后续生化处理的条件
5	循环池	用于调节废水水质和水量,为后续生化处理系统提供稳定、连续的废水
6	IC 反应器	经斜筛、初沉池、酸化池、循环池后的污水进入 IC 反应器。IC 反应器即内循环厌氧反应器,由两层 UASB(升流式厌氧污泥床)反应器串联而成,分为上下两个反应室。在处理高浓度造纸废水时,其进水负荷(以 COD 计)可提高至 $35 \sim 50 kg/(m^3 \cdot d)$。与 UASB 反应器相比,在获得相同处理速率的条件下,IC 反应器具有更高的进水容积负荷率和污泥负荷率,平均升流速度可达 UASB 反应器的 20 倍

序号	构筑物名称	说明
7	均衡池	用于调节废水水质和水量,为后续生化处理系统提供稳定、连续的废水,提高废水处理系统的抗冲击能力
8	选择池	调节均衡池和IC反应器水质和水量,为后续生化处理系统提供稳定、连续的废水
9	曝气池	曝气池选择射流曝气工艺。射流曝气是利用射流泵的吸气作用代替空气压缩机向原水中加注空气的曝气方式。其优点是搅动混合能力强、氧传递效率高、活性污泥沉降性能好
10	二沉池	其作用主要是使污泥分离,使混合液澄清、浓缩和回流活性污泥
11	中间水池	调节来自二沉池的水质和水量,为后续处理系统提供稳定、连续的废水
12	混凝反应池	(1)在反应池内投加PAC混凝剂,在水溶液中水解后产生矾花,能有效吸附废水中的颗粒物及油类,形成较大矾花,以便后续去除; (2)在反应池内投加PAM絮凝剂,利用聚丙烯酰胺的酰胺基使被吸附的粒子间形成"桥联",产生絮团,加速微粒的下沉,从而达到去除的目的
13	三沉池	上一级絮凝反应后的絮凝体在此进行沉淀,处理后的水进入下一单元,污泥则用泵抽至污泥浓缩池
14	芬顿反应池+除铁曝气池	选择芬顿反应池对废水进行深度处理。调节来自三沉池的废水pH值至3~4;然后投加芬顿试剂(Fe^{2+}与H_2O_2的摩尔比为0.35),该试剂可将废水中难降解的污染物氧化降解;投加NaOH溶液调节pH值至7~9;最后投加絮凝剂PAM并充分反应,使废水中的铁泥絮凝;根据出水情况,进入除铁曝气池,进行除铁处理
15	四沉池	芬顿絮凝反应后的絮凝体在此进行沉淀,处理后的水进入下一单元,污泥则用泵抽至污泥浓缩池
16	砂滤池	砂滤池(活性砂过滤器)是一种集混凝、澄清及过滤功能于一体的连续过滤设备,通过滤层的截留作用,去除水中的悬浮物及其他颗粒杂质。砂滤池利用升流式流动床过滤原理,通过滤砂在过滤器中的循环流动,使过滤与洗砂同时进行,实现过滤器24小时连续自动运行,避免了停机反冲洗工序,从而提高了过滤效果,简化了管理程序

3.4.2.4　实验方法

学生通过工艺视频及知识点学习、模拟操作演练、事故分析处理完成本实验项目(图3-13~图3-15)。为了保证使用软件进行有效的学习,在虚拟仿真实验界面内设置了任务板,任务板上对应实验步骤前"√"号(软件中显示为红色)代表已经完成了该场景的有效探索。

3.4.2.5　实验步骤

本实验分为8个项目,包括正常开车、COD_{Cr}超标、正常调节等,具体见表3-16。

图 3-13　工艺视频讲解及学习

图 3-14　知识点学习

图 3-15　虚拟仿真实验界面

表 3-16 实验项目

序号	项目名称
1	正常开车
2	COD_{Cr} 超标(IC塔 T101 参数调节)
3	BOD_5 超标(曝气池 V701 参数调节)
4	SS 超标(三沉池 V1101 参数调节)
5	NH_3-N 超标(回流比调节)
6	混凝反应池加药量调节
7	芬顿反应池 pH 调节
8	正常调节

实验模拟操作步骤详细说明如下。

（1）正常开车

按照合理的顺序启动及调节造纸废水处理工艺所涉及的各个设备（例如泵、阀门等），使工艺正常运行。

① 厌氧工段

a. 打开厌氧工段高浓度污水进水总阀 V01G101，调节开度至 50%；

b. 启动机械格栅 G101，打开提升泵 P101A 前阀 V01P101A；

c. 当集水井 V101 液位≥50% 时，启动提升泵 P101A，打开提升泵后阀 V02P101A；

d. 当厌氧酸化池 V301 液位≥20% 时，启动冷却塔循环泵 P302；

e. 酸化池温度控制：打开阀门 V02P302，调节阀门开度为 65%，调节温度至 37℃；

f. 打开提升泵 P301A 前阀 V01P301A；

g. 当厌氧酸化池 V301 液位≥50% 时，启动提升泵 P301A，打开提升泵 P301A 后阀 V02P301A，打开提升泵 P401A 前阀 V01P401A；

h. 当循环池 V401 液位≥50% 时，启动提升泵 P401A，打开提升泵 P401A 后阀 V02P401A。

② 好氧工段

a. 打开好氧工段低浓度污水进水总阀 V01G102，调节开度至 50%，启动机械格栅 G102。

b. 启动机械格栅 G103，打开提升泵 P102A 前阀 V01P102A。

c. 当集水井 V102 液位≥50% 时，启动提升泵 P102A，打开提升泵 P102A 后阀 V02P102A，启动带式压滤机装置 D102。

d. 当循环池 V501 液位≥20%时，启动循环池冷却塔循环泵 P501。

e. 均衡池出口温度控制：打开阀门 V02P501，调节阀门开度为 65%，调节温度至 37℃。

f. 当选择池 V601 液位≥50%时，启动曝气池提升泵 P701A。

g. 当选择池 V601 液位≥50%时，依次启动曝气池提升泵 P702A、P703A、P704A。

h. 调节曝气量：当曝气池 V701～V704 液位≥50%时，启动曝气池 V701～V704 鼓风机 C701～C704；当曝气池 V701～V704 液位≥50%时，依次启动曝气池 V701～V704 射流泵 $1^{\#}$～$4^{\#}$。

i. 当二沉池 V801、V802 液位≥50%时，启动污泥回流泵 P801A、P802A。

j. 调节回流量：打开阀门 V01P801，调节 V01P801 阀门开度 25%；打开阀门 V01P802，调节 V01P802 阀门开度 25%。

③ 混凝反应工段

a. 当中间水池 V901 液位≥50%时，启动提升泵 P1001A。

b. 打开 PAC 加药阀 V01V1701，调节阀门开度为 50%；打开 PAM 加药阀 V01V1704，调节阀门开度为 50%。

c. 依次启动混凝反应池 V1001 机械搅拌机 M1001A、M1001B、M1001C、M1001D。

④ 芬顿反应工段

a. 打开 H_2SO_4 加药阀 V01V1703、V02V1703，调节阀门开度为 50%，调节 pH 值为 4。

b. 打开 H_2O_2 加药阀 V01V1705、V02V1705，调节阀门开度为 50%。

c. 打开 $FeSO_4$ 加药阀 V01V1706、V02V1706，调节阀门开度为 50%。

d. 依次启动芬顿反应池 V1201 机械搅拌机 M1201A、M1201B、M1201C、M1201D，依次启动芬顿反应池 V1202 机械搅拌机 M1202A、M1202B、M1202C、M1202D。

e. 打开 NaOH 加药阀 V01V1702、V02V1702，调节阀门开度为 50%，调节 pH 值为 9。

f. 依次启动芬顿反应池 V1201 机械搅拌机 M1201E、M1201F、M1201G，依次启动芬顿反应池 V1202 机械搅拌机 M1202E、M1202F、M1202G。

g. 打开 PAM 加药阀 V02V1704、V03V1704，调节阀门开度为 50%；启动芬顿反应池 V1202 机械搅拌机 M1202H。

⑤ 砂滤工段

a. 当砂滤池 V1401A、V1402G 液位＞0 时，打开 PAC 加药阀 V02V1701、V03V1701，调节开度 50%；

b. 启动冷干机 L101，启动空压机 AK101、BK102、CK103；

c. 打开阀门 V01V1501、V02V1501，调节开度为 50%。

（2）COD_{Cr} 超标（IC 塔 T101 参数调节）

通过综合调节 IC 塔参数，使出水 COD_{Cr} 指标在正常范围内。

a. 设置 IC 塔高径比或塔高，调节 IC 塔合适停留时间（4＜IC 塔高径比＜8 或 16m＜IC 塔塔高＜25m，确保水力停留时间 h＞0.35h）；

b. 设置循环泵（P302）阀门开度，调节 IC 塔合适温度（37℃＜T＜40℃）；

c. 设置 IC 塔 pH 值，调节 IC 塔合适 pH（6.8＜pH＜7.2）；

d. 设置 IC 塔 VFA 值，调节 IC 塔合适 VFA（300mg/L＜VFA＜360mg/L）；

e. 设置 IC 塔容积负荷值，调节 IC 塔合适容积负荷〔以 COD 计，25kg/（$m^3 \cdot d$）＜U＜30kg/（$m^3 \cdot d$）〕；

f. 设置 IC 塔碳氮比值，调节 IC 塔合适碳氮比（25＜C：N＜30）；

g. 出水指标 COD_{Cr}≤60mg/L。

（3）BOD_5 超标（曝气池 V701 参数调节）

通过综合调节曝气池 V701 参数，使出水 BOD_5 指标在正常范围内。

a. 设置曝气池（V701）直径或高度，调节合适停留时间（1m＜曝气池直径＜6m，曝气池高度＞30m，确保水力停留时间 h＞6h）；

b. 改变回流泵电磁阀（V01P801 或 V01P802）开度，调节合适回流比（R＞40）；

c. 设置曝气池（V701）pH 值，调节合适 pH（6.8＜pH＜7.2）；

d. 设置曝气池（V701）温度值，调节合适温度（30℃＜T＜35℃）；

e. 调节曝气池（V701）鼓风机阀门 V01C701，调节合适溶解氧量（1.5mg/L＜DO＜2.5mg/L）；

f. 出水指标 BOD_5≤20mg/L。

（4）SS 超标（三沉池 V1101 参数调节）

通过综合调节三沉池 V1101 参数，使出水 SS 指标在正常范围内。

a. 设置三沉池 A（V1101）直径或有效深度，调节合适停留时间（2m＜三沉池直径＜6m，三沉池有效深度＞10m，确保水力停留时间 h＞7h）；

b. 设置三沉池 A（V1101）表面负荷值，调节合适表面负荷〔U＜1.0m^3/（$m^2 \cdot h$）〕；

c. 出水指标 SS≤10mg/L。

（5）NH_3-N 超标（回流比调节）

通过综合调节回流量（回流比），使出水 NH_3-N 指标在正常范围内。

a. 改变回流污泥阀门（V01P801 或 V01P802）开度，调节合适的污泥回流量（FI601≥1250m^3/d）；

b. 出水指标 NH_3-N≤8mg/L。

（6）混凝反应池加药量调节

通过综合调节混凝反应池加药量，使出水指标 SS 在正常范围内。

a. 改变 PAC 调节阀 V01V1701 阀门开度，调节 PAC 加药量（FI1701A≥200g/m³）；

b. 改变 PAM 调节阀 V01V1704 阀门开度，调节 PAM 加药量（FI1704A≥300g/m³）；

c. 改变混凝反应池加药量，调节出水指标 SS≤10mg/L。

（7）芬顿反应池 pH 调节

通过调节 H_2SO_4 加药量，使出水各项指标均在正常范围内。

a. 改变 H_2SO_4 加药阀（V01V1703、V02V1703）开度，调节 pH（pH＝4）；

b. 出水 COD_{Cr} 指标≤60mg/L。

（8）正常调节

通过综合控制使出水各项指标均在正常范围内。

a. 通过综合调节各参数或阀门使出水指标 COD_{Cr}≤60mg/L；

b. 通过综合调节各参数或阀门使出水指标 BOD_5≤20mg/L；

c. 通过综合调节各参数或阀门使出水指标 SS≤10mg/L；

d. 通过综合调节各参数或阀门使出水指标 NH_3-N≤8mg/L；

e. 通过综合调节各参数或阀门使出水指标 TP≤0.8mg/L。

3.4.2.6 实验结果与结论

通过"造纸废水综合处理系统虚拟仿真实验"项目，学生可以进一步巩固课堂所学知识点，能够较好地认识造纸废水的处理流程及工艺原理，培养理论与实际相结合的能力；根据学生知识点学习情况、实验模拟操作情况和实验报告进行考核评价，充分考核学生知识掌握程度、实验模拟操作能力和实验应用能力。

本虚拟仿真实验项目在教学过程中，上机实验成绩占总成绩 70%，实验报告成绩占总成绩 30%，加权累计后即为本项目的最终考核分数。

3.4.3 UASB 工艺污水处理仿真实验

3.4.3.1 实验简介

升流式厌氧污泥床（up-flow anaerobic sludge blanket，UASB）工艺具有厌氧过滤及厌氧活性污泥法的双重特点，是能够将污水中的污染物转化成再生清洁能源——沼气的一项污水处理技术。"UASB 工艺污水处理仿真实验"项目，通过虚拟仿真实验手段，模拟冷态开车、事故工况两种情景模式，加强对 UASB 工艺的认知。

3.4.3.2 实验目的

学生通过本实验项目，可达到以下目标：

（1）通过"UASB 工艺污水处理仿真实验"项目，熟悉 UASB 的结构及工艺原理，掌握 UASB 内部结构及管道布置等；

（2）通过冷态开车、事故工况两种情景模式的模拟操作，掌握 UASB 工艺的主要设计参数、日常管理及常见事故工况的应急措施。

3.4.3.3 实验内容

（1）认识 UASB 结构；

（2）在计算机上进行 UASB 工艺的开车操作；

（3）常见事故的处理。

3.4.3.4 实验原理和方法

UASB，即升流式厌氧污泥床，集生物反应与沉淀于一体，是一种结构紧凑、效率高的厌氧反应器，由污泥反应区、气液固三相分离器（含沉淀区）和气室组成，主要用于高浓度有机废水的处理。

UASB 反应器中的厌氧反应过程与其他厌氧生物处理工艺一样，包括水解、酸化、产乙酸和产甲烷等，通过多种不同的微生物参与底物的转化过程而将底物转化为最终产物——沼气以及水等无机物。

UASB 反应器在运行过程中，废水以一定的流速自反应器的底部（经布水系统）进入反应器，水流在反应器中的上升流速一般为 0.5～1.5m/h，多控制在 0.6～0.9m/h（取决于所处理废水的特性及运行负荷，控制上升流速的目的是防止在过高的流速下造成污泥流失，同时亦防止因流速过低影响泥水的混合接触效果）。水流依次流经污泥床、污泥悬浮层至三相分离器及沉淀出水区。UASB 反应器中的水流整体上呈推流式，但当反应器产气强烈而充分混合时，将呈现完全混合流态的特征。处理过程中，要求进水与污泥床和污泥悬浮层中的微生物充分混合接触并进行厌氧分解，厌氧分解过程中产生的沼气在上升过程中将污泥颗粒托起，在一定的负荷条件下，可使污泥床呈现较为明显的流态化。随着反应器产气量的不断增加，由气泡上升所产生的搅拌作用（微小的沼气气泡在上升过程中相互结合而逐渐变成较大的气泡，将污泥颗粒向反应器的上部携带，最后由于气泡的破裂，绝大部分污泥颗粒又返回到污泥区）变得愈加剧烈，从而降低了污泥中夹带气泡的阻力，气体便从污泥床内突发性地逸出，导致污泥床表面呈沸腾和流化状态。反应器中沉淀性能较差的絮体状污泥在气体的搅拌和夹带作用下，在反应器上部形成污泥悬浮层。沉淀性能良好的颗粒状污泥则处于反应器的下部形成高浓度的污泥床。随着水流的上升流动，气、水、泥三相混合液上升至三相分离器中，气体遇到反射板或挡板后折向集气室而被有效地分离排出，污泥和水流则进入上部的静止沉淀区，在重力的作用下泥水发生分离，澄清出水。

3.4.3.5 实验步骤

（1）冷态开车

① 开车前准备

开车前进行全面检查，使设备处于良好状态。

② 正常开车

a. 打开初沉池来的污水入口阀 V01V102，开度为 40％～60％，污水流入配水井 1 内；

b. 当配水井 1 液位达到 30％时，打开 UASB 入口阀 V03R101，开度为 40％～60％，污水流入 UASB 反应器；

c. 启动反应器加热装置，使反应器的温度在 30～37℃；

d. 反应一段时间后，打开 UASB 沼气出口阀 V01R101；

e. 当反应器 R101 液位达到 9.0m 时，打开 UASB 出水阀 V02R101；

f. 当配水井 2 液位达到 60％时，打开配水井 2 V103 出水阀 V01V103；

g. 打开阀门 V02V103，使处理过的水流入 SBR（序批式活性污泥法）池进行下一步处理；

h. 打开泵 P101 前阀 V01P101，启动泵 P101，打开泵后阀 V02P101；

i. 打开阀门 V03V103，开度为 30％～60％，使回流量在 1000～2000m³/d；

j. 反应器泥位达到 6.5m 后，及时打开阀门 V04R101 排泥，开度为 30％～60％。

③ UASB 日常管理

在对 UASB 反应器进行日常管理时，需要准确控制表 3-17 所示的参数，请在实验中选择正确的运行控制参数。

表 3-17　UASB 反应器运行参数一览表

名称	UASB 日常管理	目标：正常运行
现象描述：在完整流程图中，显示所有参数，参数值见运行数据		
操作界面	操作步骤	
UASB	水质控制：pH 以 6.5～7.5 为佳	
UASB	水温以 30～37℃为宜	
UASB	负荷（以 COD 计）控制在 30～50kg/(m³·d)，消化时间为 40～50h	

（2）事故处理

① 事故 1：设备故障

a. 事故现象：设备故障（泵坏），表现为回流量降低为零，泵运行指示颜色变暗。

b. 事故处理：打开备用泵前阀 V01P101B，启动泵，打开备用泵后阀 V02P101B；关闭故障泵前阀 V01P101A、后阀 V02P101A。

② 事故 2：污泥上浮

a. 事故现象：污泥龄过长，表现为污泥上浮。

b. 事故处理：增大阀门 V04R101 开度。

UASB 工艺污水处理仿真实验仿真操作界面和试卷运行界面分别见图 3-16 和图 3-17。

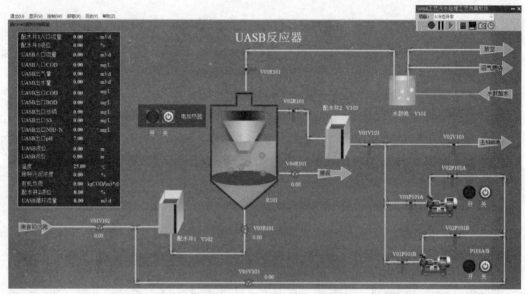

图 3-16　UASB 工艺污水处理仿真实验仿真操作界面

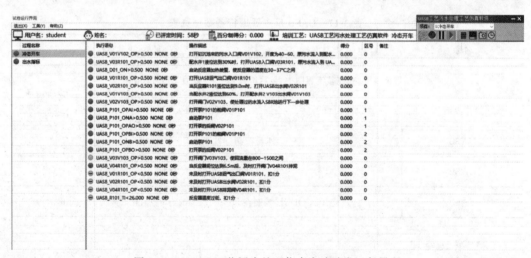

图 3-17　UASB 工艺污水处理仿真实验试卷运行界面

3.4.3.6　实验报告

实验报告需呈现以下内容：

（1）画出 UASB 工艺流程简图；

（2）UASB 工艺冷态开车过程中需要注意的问题。

3.4.3.7 思考题

（1）UASB 工艺有哪些结构？

（2）在何种情况下可选用 UASB 工艺？与其他工艺相比，该工艺的优缺点有哪些？

3.4.4 气浮工艺虚拟仿真实验

3.4.4.1 实验简介

气浮工艺具有占地面积小、污水停留时间短、处理装置简单、管理方便等优点，广泛应用于污水处理中。"气浮工艺虚拟仿真实验"项目，通过虚拟仿真实验手段，模拟冷态开车、事故工况两种情景模式，加强学生对气浮工艺的认知。

3.4.4.2 实验目的

学生通过本实验项目，达到以下目标：

（1）通过"气浮工艺虚拟仿真实验"项目，熟悉气浮工艺的结构及工艺原理，掌握气浮工艺内部结构及管道布置等；

（2）通过冷态开车、事故工况两种情景模式的模拟操作，掌握气浮工艺的主要设计参数及常见事故工况的应急措施。

3.4.4.3 实验内容

（1）冷态开车；

（2）事故工况。

3.4.4.4 实验原理

气浮法是固液分离或液液分离的一种技术。该技术通过某种方法产生大量的微气泡，使其与废水中密度接近水的固体或液体污染物微粒黏附，形成整体密度小于水的"气泡-颗粒"复合体，悬浮粒子随气泡一起浮升到水面，形成泡沫或浮渣，从而使水中悬浮物得以分离。实现气浮分离必须具备三个基本条件：一是必须在水中产生足够数量的细微气泡；二是必须使待分离的污染物形成不溶性的固态或液态悬浮体；三是必须使气泡能够与悬浮粒子相黏附。

3.4.4.5 实验步骤

（1）冷态开车

① 开车前准备

a. 开清水进口阀门 V03V102 向气浮池 V102 内补充清水；

b. 注满清水后，关清水进口阀门 V03V102；

c. 开空压机出口阀 V01C101，开度 45％左右；

d. 启动空压机 C101，溶气罐升压；

e. 待溶气罐压力达 2.0～3.0atm（1atm＝101.325kPa）时开回流阀 V05V102；

f. 开循环泵 P101 进口阀 V01P101；

g. 启动循环泵 P101；

h. 开循环泵 P101 出口阀 V02P101；

i. 开溶气罐进水阀 V03P101 向溶气罐内补充循环水；

j. 开溶气罐出水阀 V02V102，将溶气水输往气浮池的接触室；

k. 通过调节空压机出口阀 V01C101 的开度，控制溶气罐内压力为 4.5～5.0atm（溶气罐压力＞5.0atm 后，安全阀 V01V101 自动打开泄压）；

l. 通过调节溶气罐出水阀 V02V102 的开度，控制溶气罐的液位保持在 30％～50％。

② 进水、达标

a. 开气浮池进废水阀 V01V102（控制流量 7300～8300m³/h）；

b. COD 达标（≤100mg/L）；

c. BOD 达标（≤30mg/L）；

d. 悬浮物达标（≤30mg/L）；

e. 氨氮达标（≤25mg/L）；

f. 动植物油达标（≤5mg/L）。

③ 出水

a. 水质达标后，开合格水出口阀 V04V102 排放达标水，调节 V04V102 使气浮池的水位保持在排渣口；

b. 控制回流比为 25％～50％。

（2）事故工况

a. 事故现象：溶气罐压力过高，安全阀自动启动。

b. 事故处理：通过调节空压机出口阀 V01C101 或打开溶气罐排气阀 V02V101，使溶气罐压力稳定在 4.5～4.9atm。

气浮工艺虚拟仿真实验项目界面见图 3-18。

3.4.4.6　实验报告

实验报告需呈现以下内容：

（1）气浮工艺流程简图；

（2）气浮工艺冷态开车过程中需要注意的问题。

3.4.4.7　思考题

（1）气浮工艺有哪些结构？

（2）在何种情况下可选用气浮工艺？与其他工艺相比，该工艺的优缺点有哪些？

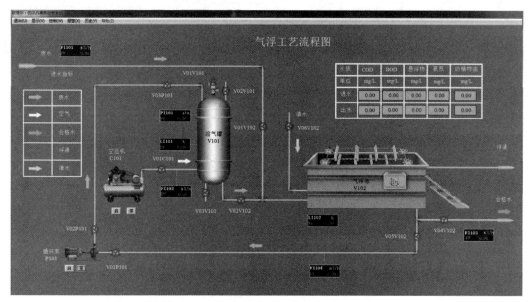

图 3-18　气浮工艺虚拟仿真实验项目界面

附录

第一部分　常用水质分析方法

附录 1　水质　悬浮物的测定　重量法（GB 11901—89）

1　主题内容和适用范围

本标准规定了水中悬浮物的测定。

本标准适用于地面水、地下水，也适用于生活污水和工业废水中悬浮物测定。

2　定义

水质中的悬浮物是指水样通过孔径为 $0.45\mu m$ 的滤膜，截留在滤膜上并于 $103\sim$ $105℃$ 烘干至恒重的固体物质。

3　试剂

蒸馏水或同等纯度的水。

4　仪器

4.1　常用实验室仪器和以下仪器。

4.2　全玻璃微孔滤膜过滤器。

4.3　CN-CA 滤膜、孔径 $0.45\mu m$，直径 60mm。

4.4 吸滤瓶、真空泵。

4.5 无齿扁咀镊子。

5 采样及样品贮存

5.1 采样

所用聚乙烯瓶或硬质玻璃瓶要用洗涤剂洗净。再依次用自来水和蒸馏水冲洗干净。在采样之前，再用即将采集的水样清洗三次。然后，采集具有代表性的水样 500～1000mL，盖严瓶塞。

注：漂浮或浸没的不均匀固体物质不属于悬浮物质，应从水样中除去。

5.2 样品贮存

采集的水样应尽快分析测定。如需放置，应贮存在 4℃冷藏箱中，但最长不得超过七天。

注：不能加入任何保护剂，以防破坏物质在固、液间的分配平衡。

6 步骤

6.1 滤膜准备

用扁咀无齿镊子夹取微孔滤膜放于事先恒重的称量瓶里，移入烘箱中于 103～105℃烘干半小时后取出置干燥器内冷却至室温，称其重量。反复烘干、冷却、称量，直至两次称量的重量差≤0.2mg。将恒重的微孔滤膜正确地放在滤膜过滤器（4.1）的滤膜托盘上，加盖配套的漏斗，并用夹子固定好。以蒸馏水湿润滤膜，并不断吸滤。

6.2 测定

量取充分混合均匀的试样 100mL 抽吸过滤。使水分全部通过滤膜。再以每次10mL 蒸馏水连续洗涤三次，继续吸滤以除去痕量水分。停止吸滤后，仔细取出载有悬浮物的滤膜放在原恒重的称量瓶里，移入烘箱中于 103～105℃下烘干一小时后移入干燥器中，使冷却到室温，称其重量。反复烘干、冷却、称量，直至两次称量的重量差≤0.4mg 为止。

注：滤膜上截留过多的悬浮物可能夹带过多的水分，除延长干燥时间外，还可能造成过滤困难，遇此情况，可酌情少取试样。滤膜上悬浮物过少，则会增大称量误差，影响测定精度，必要时，可增大试样体积。一般以 5～100mg 悬浮物量作为量取试样体积的实用范围。

7 结果的表示

悬浮物含量 C（mg/L）按下式计算：

$$C = \frac{(A-B) \times 10^6}{V}$$

式中　C——水中悬浮物浓度，mg/L；

　　　A——悬浮物＋滤膜＋称量瓶质量，g；

　　　B——滤膜＋称量瓶质量，g；

V——试样体积，mL。

附录 2　水质　化学需氧量的测定　重铬酸盐法（HJ 828—2017）

1　适用范围

本标准规定了测定水中化学需氧量的重铬酸盐法。

本标准适用于地表水、生活污水和工业废水中化学需氧量的测定。本标准不适用于含氯化物浓度大于 1000mg/L（稀释后）的水中化学需氧量的测定。

当取样体积为 10.0mL 时，本方法的检出限为 4mg/L，测定下限为 16mg/L。未经稀释的水样测定上限为 700mg/L，超过此限时须稀释后测定。

2　定义

化学需氧量（COD）：在一定条件下，经重铬酸钾氧化处理时，水样中的溶解性物质和悬浮物所消耗的重铬酸盐相对应的氧的质量浓度，以 mg/L 表示。

3　方法原理

在水样中加入已知量的重铬酸钾溶液，并在强酸介质下以银盐作催化剂，经沸腾回流后，以试亚铁灵为指示剂，用硫酸亚铁铵滴定水样中未被还原的重铬酸钾，由消耗的重铬酸钾的量换算成消耗氧的质量浓度。

在酸性重铬酸钾条件下，芳烃及吡啶难以被氧化，其氧化率较低。在硫酸银催化作用下，直链脂肪族化合物可有效地被氧化。

4　试剂和材料

除非另有说明，实验时所用试剂均为符合国家标准的分析纯试剂，实验用水均为新制备的超纯水、蒸馏水或同等纯度的水。

4.1　硫酸银（Ag_2SO_4），化学纯。

4.2　硫酸汞（$HgSO_4$），化学纯。

4.3　硫酸（H_2SO_4），$\rho = 1.84g/mL$。

4.4　硫酸银-硫酸试剂：向 1L 硫酸（4.3）中加入 10g 硫酸银（4.1）。放置 1~2 天使之溶解，并混匀，使用前小心摇动。

4.5　重铬酸钾标准溶液

4.5.1　浓度为 $c(1/6K_2Cr_2O_7) = 0.250mol/L$ 的重铬酸钾标准溶液：将 12.258g 在 105℃ 干燥 2h 后的重铬酸钾溶于水中，稀释至 1000mL。

4.5.2　浓度为 $c(1/6K_2Cr_2O_7) = 0.0250mol/L$ 的重铬酸钾标准溶液：将 4.5.1 条的溶液稀释 10 倍而成。

4.6　硫酸亚铁铵标准溶液

4.6.1　硫酸亚铁铵标准溶液：$c[(NH_4)_2Fe(SO_4)_2 \cdot 6H_2O] \approx 0.05mol/L$。

称取 19.5g 硫酸亚铁铵 $[(NH_4)_2Fe(SO_4)_2 \cdot 6H_2O]$ 溶解于水中，加入 10mL 硫酸（4.3），待溶液冷却后稀释至 1000mL。

4.6.2 每日临用前，必须用重铬酸钾标准溶液（4.5.1）准确标定硫酸亚铁铵溶液（4.6.1）的浓度；标定时应做平行双样。

取 5.00mL 重铬酸钾标准溶液（4.5.1）置于锥形瓶中，用水稀释至约 50mL，缓慢加入 15mL 硫酸（4.3），混匀，冷却后加 3 滴（约 0.15mL）试亚铁灵指示剂（4.8），用硫酸亚铁铵溶液（4.6.1）滴定，溶液的颜色由黄色经蓝绿色变为红褐色即为终点，记录硫酸亚铁铵溶液的消耗量 V（mL）。

4.6.3 硫酸亚铁铵标准溶液浓度的计算：

$$c\,(\mathrm{mol/L}) = \frac{5.00\mathrm{mL} \times 0.250\mathrm{mol/L}}{V}$$

式中 V——滴定时消耗硫酸亚铁铵溶液的体积，mL。

4.6.4 硫酸亚铁铵标准溶液：$c\,[(NH_4)_2Fe(SO_4)_2 \cdot 6H_2O] \approx 0.005\mathrm{mol/L}$。

将 4.6.1 中硫酸亚铁铵标准溶液稀释 10 倍，用重铬酸钾标准溶液（4.5.2）标定，其滴定步骤及浓度计算分别与 4.6.2 及 4.6.3 类同。每日临用前标定。

4.7 邻苯二甲酸氢钾标准溶液，$c\,(KHC_8H_4O_4) = 2.0824\mathrm{mmol/L}$：称取 105℃干燥 2h 的邻苯二甲酸氢钾（$HOOCC_6H_4COOK$）0.4251g 溶于水，并稀释至 1000mL，混匀。以重铬酸钾为氧化剂，将邻苯二甲酸氢钾完全氧化的 COD 值为 1.176g（指 1g 邻苯二甲酸氢钾耗氧 1.176g），故该标准溶液的理论 COD 值为 500mg/L。

4.8 试亚铁灵（1,10-菲绕啉，1,10-phenanathroline monohy drate，商品名为邻菲啰啉、1,10-菲啰啉）指示剂溶液：溶解 0.7g 七水合硫酸亚铁（$FeSO_4 \cdot 7H_2O$）于 50mL 水中，加入 1.5g 1,10-菲绕啉，搅拌至溶解，加水稀释至 100mL。

4.9 防爆沸玻璃珠。

5 仪器

5.1 回流装置：带有 24 号标准磨口的 250mL 锥形瓶的全玻璃回流装置。回流冷凝管长度为 300～500mm。若取样量在 30mL 以上，可采用带 500mL 锥形瓶的全玻璃回流装置。

5.2 加热装置：电炉或其他等效消解装置。

5.3 25mL 或 50mL 酸式滴定管。

6 采样和样品

6.1 采样：水样要采集于玻璃瓶中，应尽快分析。如不能立即分析时，应加入硫酸（4.3）至 pH<2，置 4℃下保存。但保存时间不多于 5 天。采集水样的体积不得少于 100mL。

6.2 试料的准备：将试样充分摇匀，取出 20.0mL 作为试料。

7 分析步骤

7.1 对于 COD 值小于 50mg/L 的水样，应采用低浓度的重铬酸钾标准溶液

（4.5.2）氧化，加热回流以后，采用低浓度的硫酸亚铁铵标准溶液（4.6.4）回滴。

7.2　该方法对未经稀释的水样测定上限为 700mg/L，超过此限时必须经稀释后测定。

7.3　对于污染严重的水样，可选取所需体积 1/10 的试料和 1/10 的试剂，放入 $\varphi 10 \times 150$ mm 硬质玻璃管中，摇匀后，用酒精灯加热至沸数分钟，观察溶液是否变成蓝绿色。如呈蓝绿色，应再适当少取试料，重复以上试验，直至溶液不变蓝绿色为止，从而确定待测水样适当的稀释倍数。

7.4　取试料（6.2）于锥形瓶中，或取适量试料加水至 20.0mL。

7.5　空白试验：按 7.1～7.4 相同步骤以 20.0mL 水代替试料进行空白试验，其余试剂和试料测定（7.8）相同，记录下空白滴定时消耗硫酸亚铁铵标准滴定溶液的体积 V_1。

7.6　校核试验：按试料测定（7.8）提供的方法分析 20.0mL 邻苯二甲酸氢钾标准溶液（4.7）的 COD 值，用以检验操作技术及试剂纯度。

该溶液的理论 COD 值为 500mg/L，如果校核试验的结果大于该值的 96%，即可认为实验步骤基本上是适宜的，否则，必须寻找失败的原因，重复实验，使之达到要求。

7.7　去干扰试验：无机还原性物质如亚硝酸盐、硫化物及二价铁盐将使测定结果增大，将其需氧量作为水样 COD 值的一部分是可以接受的。

该实验的主要干扰物为氯化物，可加入硫酸汞（4.2）部分除去，经回流后，氯离子可与硫酸汞结合成可溶性的氯汞络合物。

当氯离子含量超过 1000mg/L 时，COD 的最低允许值为 250mg/L，低于此值，结果的准确度就不可靠。

7.8　试料测定：于试料（7.4）中加入 10.0mL 重铬酸钾标准溶液（4.5.1）和几颗防爆沸玻璃珠（4.9），摇匀。

将锥形瓶接到回流装置（5.1）冷凝管下端，接通冷凝水。从冷凝管上端缓慢加入 30mL 硫酸银-硫酸试剂（4.4），以防止低沸点有机物的逸出，不断旋动锥形瓶使之混合均匀。自溶液开始沸腾起回流两小时。

冷却后，用 20～30mL 水自冷凝管上端冲洗冷凝管后，取下锥形瓶，再用水稀释至 140mL 左右。

溶液冷却至室温后，加入 3 滴 1,10-菲绕啉指示剂溶液（4.8），用硫酸亚铁铵标准滴定溶液（4.6.1）滴定，溶液的颜色由黄色经蓝绿色变为红褐色即为终点。

记下硫酸亚铁铵标准滴定溶液的消耗体积 V_2。

7.9　在特殊情况下，需要测定的试料在 10.0mL 到 50.0mL 之间，试剂的体积或质量要作相应的调整。

8　结果的表示

计算方法：以 mg/L 计的水样中化学需氧量的质量浓度（ρ），计算公式如下。

$$\rho = \frac{c \times (V_1 - V_2) \times 8000}{V_0} \times f$$

式中 c——硫酸亚铁铵标准滴定溶液（4.6.1）的浓度，mol/L；

V_0——空白试验（7.5）所消耗的硫酸亚铁铵标准滴定溶液的体积，mL；

V_1——试料测定（7.8）所消耗的硫酸亚铁铵标准滴定溶液的体积，mL；

V_2——加热回流时所取水样的体积，mL；

f——样品稀释倍数；

8000——$\frac{1}{4}$O$_2$ 的摩尔质量以 mg/L 为单位的换算系数。

测定结果一般保留三位有效数字，对 COD 值小的水样（7.1），当计算出 COD 值小于 10mg/L 时，应表示为"COD<10mg/L"。

附录 3 水质 溶解氧的测定 碘量法（GB 7489—87）

1 适用范围

碘量法是测定水中溶解氧的基准方法。在没有干扰的情况下，此方法适用于各种溶解氧浓度大于 0.2mg/L 和小于氧的饱和浓度两倍（约 20mg/L）的水样。易氧化的有机物，如单宁酸、腐植酸和木质素等会对测定产生干扰。可氧化的硫的化合物，如硫化物硫脲，也如同易于消耗氧的呼吸系统那样产生干扰。当含有这类物质时，宜采用电化学探头法。

亚硝酸盐浓度不高于 15mg/L 时就不会产生干扰，因为它们会被加入的叠氮化钠破坏掉。

如存在氧化物质或还原物质，需改进测定方法，见第 8 条。

如存在能固定或消耗碘的悬浮物，本方法需按附录 A（略）中叙述的方法改进后方可使用。

2 原理

在样品中溶解氧与刚刚沉淀的二价氢氧化锰（将氢氧化钠或氢氧化钾加入二价硫酸锰中制得）反应。酸化后，生成的高价锰化合物将碘化物氧化游离出等当量的碘，用硫代硫酸钠滴定法，测定游离碘量。

3 试剂

分析中仅使用分析纯试剂和蒸馏水或纯度与之相当的水。

3.1 硫酸溶液

小心地把 500mL 浓硫酸（$\rho = 1.84$g/mL）在不停搅动下加入到 500mL 水中。

3.2 硫酸溶液：$c(1/2\mathrm{H_2SO_4}) = 2$mol/L。

3.3 碱性碘化物-叠氮化物试剂。

注：当试样中亚硝酸氮含量大于 0.05mg/L 而亚铁含量不超过 1mg/L 时为防止亚硝酸氮对测定结果的干涉，需在试样中加叠氮化物（叠氮化钠是剧毒试剂）。若已知试样中的亚硝酸盐低于 0.05mg/L，则可省去此试剂。

a. 操作过程中严防中毒；

b. 不要使碱性碘化物-叠氮化物试剂（3.3）酸化，因为可能产生有毒的叠氮酸雾。

将 35g 的氢氧化钠（NaOH）[或 50g 的氢氧化钾（KOH）] 和 30g 碘化钾（KI）[或 27g 碘化钠（NaI）] 溶解在大约 50mL 水中。

单独地将 1g 的叠氮化钠（NaN$_3$）溶于几毫升水中。

将上述两种溶液混合并稀释至 100mL。

溶液贮存在塞紧的细口棕色瓶子里。

经稀释和酸化后，在有指示剂（3.7）存在下，本试剂应无色。

3.4　无水二价硫酸锰溶液：340g/L（或一水硫酸锰 380g/L 溶液）。

可用 450g/L 四水二价氯化锰溶液代替。

过滤不澄清的溶液。

3.5　碘酸钾：$c(1/6KIO_3)$＝10mmol/L 标准溶液。

在 180℃ 干燥数克碘酸钾（KIO$_3$），称量 3.567g±0.003g 溶解在水中并稀释到 1000mL。

将上述溶液吸取 100mL 移入 1000mL 容量瓶中，用水稀释至标线。

3.6　硫代硫酸钠标准滴定液：$c(Na_2S_2O_3)≈10mmol/L$。

3.6.1　配制

将 2.5g 五水硫代硫酸钠溶解于新煮沸并冷却的水中，再加 0.4g 的氢氧化钠（NaOH），并稀释至 1000mL。

溶液贮存于深色玻璃瓶中。

3.6.2　标定

在锥形瓶中用 100～150mL 的水溶解约 0.5g 的碘化钾或碘化钠（KI 或 NaI），加入 5mL 2mol/L 的硫酸溶液（3.2），混合均匀，加 20.00mL 标准碘酸钾溶液（3.5），稀释至约 200mL，立即用硫代硫酸钠溶液滴定释放出的碘，当接近滴定终点时，溶液呈浅黄色，加指示剂（3.7），再滴定至完全无色。

硫代硫酸钠浓度（c，mmol/L）由式（1）求出：

$$c=\frac{6×20×1.66}{V} \tag{1}$$

式中　V——硫代硫酸钠溶液滴定量，mL。

每日标定一次溶液。

3.7　淀粉：新配制 10g/L 溶液。

注：也可用其他适合的指示剂。

3.8 酚酞：1g/L 乙醇溶液。

3.9 碘：约 0.005mol/L 溶液。

溶解 4～5g 的碘化钾或碘化钠于少量水中，加约 130mg 的碘，待碘溶解后稀释至 100mL。

3.10 碘化钾或碘化钠。

4 仪器

除常用试验室设备外，还有：

4.1 细口玻璃瓶：容量在 250～300mL 之间，校准至 1mL，具塞温克勒瓶或任何其他适合的细口瓶，瓶肩最好是直的。每一个瓶和盖要有相同的号码。用称量法来测定每个细口瓶的体积。

5 步骤

5.1 当存在能固定或消耗碘的悬浮物，或者怀疑有这类物质存在时，按附录 A（略）叙述的方法测定，或最好采用电化学探头法测定溶解氧。

5.2 检验氧化或还原物质是否存在

如果预计氧化或还原剂可能干扰结果时，取 50mL 待测水，加 2 滴酚酞溶液（3.8）后，中和水样。加 0.5mL 硫酸溶液（3.2）、几粒碘化钾或碘化钠（3.10）（质量约 0.5g）和几滴指示剂溶液（3.7）。

如果溶液呈蓝色，则有氧化物质存在。如果溶液保持无色，加 0.2mL 碘溶液（3.9）振荡，放置 30s。如果没有呈蓝色，则存在还原物质。

注：进一步加碘溶液可以估计 8.2.3 中次氯酸钠溶液的加入量。

有氧化物质存在时，按照 8.1 中规定处理。有还原物存在时，按照 8.2 中规定处理。没有氧化或还原物时，按照 5.3、5.4、5.5 中规定处理。

5.3 样品的采集

除非还要作其他处理，样品应采集在细口瓶（4.1）中。测定就在瓶内进行。试样充满全部细口瓶。

注：在有氧化或还原物的情况下，需取二个试样（见 8.1.2.1 和 8.2.3.1）。

5.3.1 取地表水样

充满细口瓶至溢流，小心避免溶解氧浓度的改变。对浅水用电化学探头法更好些。在消除附着在玻璃瓶上的气泡之后，立即固定溶解氧（见 5.4）。

5.3.2 从配水系统管路中取水样

将一惰性材料管的入口与管道连接，将管子出口插入细口瓶（4.1）的底部。

用溢流冲洗的方式充入大约 10 倍细口瓶体积的水，最后注满瓶子，在消除附着在玻璃瓶上的空气泡之后，立即固定溶解氧（见 5.4）。

5.3.3 不同深度取水样

用一种特别的取样器，内盛细口瓶（4.1），瓶上装有橡胶入口管并插入细口瓶

（4.1）的底部。当溶液充满细口瓶时将瓶中空气排出，避免溢流。某些类型的取样器可以同时充满几个细口瓶。

5.4 溶解氧的固定

取样之后，最好在现场立即向盛有样品的细口瓶中加 1mL 二价硫酸锰溶液（3.4）和 2mL 碱性试剂（3.3）。使用细尖头的移液管，将试剂加到液面以下，小心盖上塞子，避免把空气泡带入。

若用其他装置，必须小心保证样品氧含量不变。

将细口瓶上下颠倒转动几次，使瓶内的成分充分混合，静置沉淀最少 5min，然后再重新颠倒混合，保证混合均匀。这时可以将细口瓶运送至实验室。

若避光保存，样品最长贮藏 24h。

5.5 游离碘

确保所形成的沉淀物已沉降在细口瓶下三分之一部分。

慢速加入 1.5mL 硫酸溶液（3.1）［或相应体积的磷酸溶液（见 3.1 注）］，盖上细口瓶盖，然后摇动瓶子，要求瓶中沉淀物完全溶解，并且碘已均匀分布。

注：若直接在细口瓶内进行滴定，小心地虹吸出上部分相应于所加酸溶液容积的澄清液，而不扰动底部沉淀物。

5.6 滴定

将细口瓶内的组分或其部分体积（V_1）转移到锥形瓶内，用硫代硫酸钠（3.6）滴定，在接近滴定终点时，加淀粉溶液（3.7）或者加其他合适的指示剂。

6 结果的表示

溶解氧含量 c_1（mg/L）由式（2）求出：

$$c_1 = \frac{M_r V_2 c f_1}{4 V_1} \tag{2}$$

式中 M_r——氧的分子量，$M_r = 32$；

V_1——滴定时样品的体积，mL，一般取 $V_1 = 100\text{mL}$，若滴定细口瓶内试样，则 $V_1 = V_0$；

V_2——滴定样品时所耗去硫代硫酸钠溶液（3.6）的体积，mL；

c——硫代硫酸钠溶液（3.6）的实际浓度，mol/L。

$$f_1 = V_0 / (V_0 - V') \tag{3}$$

式中 V_0——细口瓶（4.1）的体积，mL；

V'——二价硫酸锰溶液（3.4）（1mL）和碱性试剂（3.3）（2mL）体积的总和。

结果取一位小数。

7 再现性

分别在四个实验室内，自由度为 10，对空气饱和的水（范围在 8.5～9mg/L）进行了重复测定，得到溶解氧的批内标准差在 0.03～0.05mg/L 之间。

8 特殊情况

8.1 存在氧化性物质

8.1.1 原理

通过滴定第二个试验样品来测定除溶解氧以外的氧化性物质的含量，以修正第 6 条中得到的结果。

8.1.2 步骤

8.1.2.1 按照 5.3 中规定取二个试验样品。

8.1.2.2 按照 5.4、5.5、5.6 中规定的步骤测定第一个试样中的溶解氧。

8.1.2.3 将第二个试样定量转移至大小适宜的锥形瓶内，加 1.5mL 硫酸溶液（3.1）[或相应体积的磷酸溶液（见 3.1 注）]，然后再加 2mL 碱性试剂（3.3）和 1mL 二价硫酸锰溶液（3.4），放置 5min。用硫代硫酸钠（3.6）滴定，在滴定快到终点时，加淀粉（3.7）或其他合适的指示剂。

8.1.3 结果表示

溶解氧含量 c_2（mg/L）由式（4）给出：

$$c_2 = M_r V_2 c f_1/(4V_1) - M_r V_4 c/(4V_3) \tag{4}$$

式中　M_r，V_1，V_2，c 和 f_1——与第 6 条中含义相同；

V_3——盛第二个试样的细口瓶体积，mL；

V_4——滴定第二个试样用去的硫代硫酸钠的溶液（3.6）的体积，mL。

8.2 存在还原性物质

8.2.1 原理

加入过量次氯酸钠溶液，氧化第一和第二个试样中的还原性物质。测定一个试样中的溶解氧含量。测定另一个试样中过剩的次氯酸钠量。

8.2.2 试剂

在第 3 条中规定的试剂和下列试剂。

8.2.2.1 次氯酸钠溶液：约含游离氯 4g/L，用稀释市售浓次氯酸钠溶液的办法制备，用碘量法测定溶液的浓度。

8.2.3 步骤

8.2.3.1 按照 5.3 中规定取二个试样。

8.2.3.2 向这二个试样中各加入 1.00mL（若需要可加入更多的准确体积）的次氯酸钠溶液（8.2.2.1）（见 5.2 注），盖好细口瓶盖，混合均匀。

一个试样按 5.4、5.5 和 5.6 中的规定进行处理，另一个按照 8.1.2.3 的规定进行。

8.2.4 结果的表示

溶解氧的含量 c_3（mg/L）由式（5）给出：

$$c_3 = M_r V_2 c f_2/(4V_1) - M_r V_4 c/[4(V_3 - V_5)] \tag{5}$$

式中　M_r，V_1，V_2 和 c——与第 6 条含义相同；

　　　　V_3 和 V_4——与 8.1.3 含义相同；

　　　　V_5——加入试样中次氯酸钠溶液的体积，mL（通常 $V_5=1.00\mathrm{mL}$）。

$$f_2=V_0/(V_0-V_5-V') \tag{6}$$

式中　V'——与第 6 条含义相同；

　　　　V_0——盛第一个试验样品的细口瓶的体积，mL。

9　试验报告

试验报告包括下列内容：

a. 参考了本国家标准；

b. 对样品的精确鉴别；

c. 结果和所用的表示方法；

d. 环境温度和大气压力；

e. 测定期间注意到的特殊细节；

f. 本国家标准没有规定的或考虑可任选的操作细节。

第二部分　常用国家标准

附录 4　地表水环境质量标准（GB 3838—2002）

1　范围

1.1　本标准按照地表水环境功能分类和保护目标，规定了水环境质量应控制的项目及限值，以及水质评价、水质项目的分析方法和标准的实施与监督。

1.2　本标准适用于中华人民共和国领域内江河、湖泊、运河、渠道、水库等具有使用功能的地表水水域。具有特定功能的水域，执行相应的专业用水水质标准。

2　引用标准

《生活饮用水卫生规范》（卫生部，2001 年）和本标准表 4～表 6 所列分析方法标准及规范中所含条文在本标准中被引用即构成为本标准条文，与本标准同效。当上述标准和规范被修订时，应使用其最新版本。

3　水域功能和标准分类

依据地表水水域环境功能和保护目标，按功能高低依次划分为五类：

Ⅰ类　主要适用于源头水、国家自然保护区；

Ⅱ类　主要适用于集中式生活饮用水地表水源地一级保护区、珍稀水生生物栖息地、鱼虾类产卵场、仔稚幼鱼的索饵场等；

Ⅲ类　主要适用于集中式生活饮用水地表水源地二级保护区、鱼虾类越冬场、洄游通道、水产养殖区等渔业水域及游泳区；

Ⅳ类　主要适用于一般工业用水区及人体非直接接触的娱乐用水区；

Ⅴ类　主要适用于农业用水区及一般景观要求水域。

对应地表水上述五类水域功能，将地表水环境质量标准基本项目标准值分为五类，不同功能类别分别执行相应类别的标准值。水域功能类别高的标准值严于水域功能类别低的标准值。同一水域兼有多类使用功能的，执行最高功能类别对应的标准值。实现水域功能与达功能类别标准为同一含义。

4　标准值

4.1　地表水环境质量标准基本项目标准限值见表1。

4.2　集中式生活饮用水地表水源地补充项目标准限值见表2。

4.3　集中式生活饮用水地表水源地特定项目标准限值见表3。

5　水质评价

5.1　地表水环境质量评价应根据应实现的水域功能类别，选取相应类别标准，进行单因子评价，评价结果应说明水质达标情况，超标的应说明超标项目和超标倍数。

5.2　丰、平、枯水期特征明显的水域，应分水期进行水质评价。

5.3　集中式生活饮用水地表水源地水质评价的项目应包括表1中的基本项目、表2中的补充项目以及由县级以上人民政府环境保护行政主管部门从表3中选择确定的特定项目。

6　水质监测

6.1　本标准规定的项目标准值，要求水样采集后自然沉降30min，取上层非沉降部分按规定方法进行分析。

6.2　地表水水质监测的采样布点、监测频率应符合国家地表水环境监测技术规范的要求。

6.3　本标准水质项目的分析方法应优先选用表4～表6规定的方法，也可采用ISO方法体系等其它等效分析方法，但须进行适用性检验。

7　标准的实施与监督

7.1　本标准由县级以上人民政府环境保护行政主管部门及相关部门按职责分工监督实施。

7.2　集中式生活饮用水地表水源地水质超标项目经自来水厂净化处理后，必须达到《生活饮用水卫生规范》的要求。

7.3　省、自治区、直辖市人民政府可以对本标准中未作规定的项目，制定地方补充标准，并报国务院环境保护行政主管部门备案。

表1　地表水环境质量标准基本项目标准限值

序号	项目	分类				
		Ⅰ类标准值	Ⅱ类标准值	Ⅲ类标准值	Ⅳ类标准值	Ⅴ类标准值
1	水温/℃	人为造成的环境水温变化应限制在： 周平均最大温升≤1 周平均最大温降≤2				
2	pH 值(无量纲)	6～9				
3	溶解氧≥/(mg/L)	饱和率90％ (或7.5)	6	5	3	2
4	高锰酸盐指数≤/(mg/L)	2	4	6	10	15
5	化学需量(COD)≤/(mg/L)	15	15	20	30	40
6	五日生化需氧量(BOD$_5$)≤/(mg/L)	3	3	4	6	10
7	氨氮(NH$_3$-N)≤/(mg/L)	0.15	0.5	1.0	1.5	2.0
8	总磷(以 P 计)≤/(mg/L)	0.02 (湖、库 0.01)	0.1 (湖、库 0.025)	0.2 (湖、库 0.05)	0.3 (湖、库 0.1)	0.4 (湖、库 0.2)
9	总氮(湖、库，以 N 计)≤/(mg/L)	0.2	0.5	1.0	1.5	2.0
10	铜≤/(mg/L)	0.01	1.0	1.0	1.0	1.0
11	锌≤/(mg/L)	0.05	1.0	1.0	2.0	2.0
12	氟化物(以 F$^-$ 计)≤/(mg/L)	1.0	1.0	1.0	1.5	1.5
13	硒≤/(mg/L)	0.01	0.01	0.01	0.02	0.02
14	砷≤/(mg/L)	0.05	0.05	0.05	0.1	0.1
15	汞≤/(mg/L)	0.00005	0.00005	0.0001	0.001	0.001
16	镉≤/(mg/L)	0.001	0.005	0.005	0.005	0.01
17	铬(六价)≤/(mg/L)	0.01	0.05	0.05	0.05	0.1
18	铅≤/(mg/L)	0.01	0.01	0.05	0.05	0.1
19	氰化物≤/(mg/L)	0.005	0.05	0.2	0.2	0.2
20	挥发酚≤/(mg/L)	0.002	0.002	0.005	0.01	0.1
21	石油类≤/(mg/L)	0.05	0.05	0.05	0.5	1.0
22	阴离子表面活性剂≤/(mg/L)	0.2	0.2	0.2	0.3	0.3

序号	项目	分类				
		Ⅰ类标准值	Ⅱ类标准值	Ⅲ类标准值	Ⅳ类标准值	Ⅴ类标准值
23	硫化物≤/(mg/L)	0.05	0.1	0.2	0.5	1.0
24	粪大肠菌群≤/(个/L)	200	2000	10000	20000	40000

表 2   集中式生活饮用水地表水源地补充项目标准限值   单位：mg/L

序号	项目	标准值
1	硫酸盐(以 SO_4^{2-} 计)	250
2	氯化物(以 Cl^- 计)	250
3	硝酸盐(以 N 计)	10
4	铁	0.3
5	锰	0.1

表 3   集中式生活饮用水地表水源地特定项目标准限值   单位：mg/L

序号	项目	标准值	序号	项目	标准值
1	三氯甲烷	0.06	17	丙烯醛	0.1
2	四氯化碳	0.002	18	三氯乙醛	0.01
3	三溴甲烷	0.1	19	苯	0.01
4	二氯甲烷	0.02	20	甲苯	0.7
5	1,2-二氯乙烷	0.03	21	乙苯	0.3
6	环氧氯丙烷	0.02	22	二甲苯[①]	0.5
7	氯乙烯	0.005	23	异丙苯	0.25
8	1,1-二氯乙烯	0.03	24	氯苯	0.3
9	1,2-二氯乙烯	0.05	25	1,2-二氯苯	1.0
10	三氯乙烯	0.07	26	1,4-二氯苯	0.3
11	四氯乙烯	0.04	27	三氯苯[②]	0.02
12	氯丁二烯	0.002	28	四氯苯[③]	0.02
13	六氯丁二烯	0.0006	29	六氯苯	0.05
14	苯乙烯	0.02	30	硝基苯	0.017
15	甲醛	0.9	31	二硝基苯[④]	0.5
16	乙醛	0.05	32	2,4-二硝基甲苯	0.0003

序号	项目	标准值	序号	项目	标准值
33	2,4,6-三硝基甲苯	0.5	57	马拉硫磷	0.05
34	硝基氯苯⑤	0.05	58	乐果	0.08
35	2,4-二硝基氯苯	0.5	59	敌敌畏	0.05
36	2,4-二氯苯酚	0.093	60	敌百虫	0.05
37	2,4,6-三氯苯酚	0.2	61	内吸磷	0.03
38	五氯酚	0.009	62	百菌清	0.01
39	苯胺	0.1	63	甲萘威	0.05
40	联苯胺	0.0002	64	溴氰菊酯	0.02
41	丙烯酰胺	0.0005	65	阿特拉津	0.003
42	丙烯腈	0.1	66	苯并[a]芘	2.8×10^{-6}
43	邻苯二甲酸二丁酯	0.003	67	甲基汞	1.0×10^{-6}
44	邻苯二甲酸二(2-乙基己基)酯	0.008	68	多氯联苯⑥	2.0×10^{-5}
45	水合肼	0.01	69	微囊藻毒素-LR	0.001
46	四乙基铅	0.0001	70	黄磷	0.003
47	吡啶	0.2	71	钼	0.07
48	松节油	0.2	72	钴	1.0
49	苦味酸	0.5	73	铍	0.002
50	丁基黄原酸	0.005	74	硼	0.5
51	活性氯	0.01	75	锑	0.005
52	滴滴涕	0.001	76	镍	0.02
53	林丹	0.002	77	钡	0.7
54	环氧七氯	0.0002	78	钒	0.05
55	对硫磷	0.003	79	钛	0.1
56	甲基对硫磷	0.002	80	铊	0.0001

① 二甲苯：指对-二甲苯、间-二甲苯、邻-二甲苯。

② 三氯苯：指1，2，3-三氯苯、1，2，4-三氯苯、1，3，5-三氯苯。

③ 四氯苯：指1，2，3，4-四氯苯、1，2，3，5-四氯苯、1，2，4，5-四氯苯。

④ 二硝基苯：指对-二硝基苯、间-二硝基苯、邻-二硝基苯。

⑤ 硝基氯苯：指对-硝基氯苯、间-硝基氯苯、邻-硝基氯苯。

⑥ 多氯联苯：指PCB-1016、PCB-1221、PCB-1232、PCB-1242、PCB-1248、PCB-1254、PCB-1260。

表 4 　地表水环境质量标准基本项目分析方法

序号	项目	分析方法	最低检出限/(mg/L)	方法来源
1	水温	温度计法		GB 13195—91
2	pH 值	玻璃电极法		GB 6920—86
3	溶解氧	碘量法	0.2	GB 7489—87
		电化学探头法		GB 11913—89
4	高锰酸盐指数		0.5	GB 11892—89
5	化学需氧量	重铬酸盐法	10	GB 11914—89
6	五日生化需氧量	稀释与接种法	2	GB 7488—87
7	氨氮	纳氏试剂比色法	0.05	GB 7479—87
		水杨酸分光光度法	0.01	GB 7481—87
8	总磷	钼酸铵分光光度法	0.01	GB 11893—89
9	总氮	碱性过硫酸钾消解紫外分光光度法	0.05	GB 11894—89
10	铜	2,9-二甲基-1,10-菲啰啉分光光度法	0.06	GB 7473—87
		二乙基二硫代氨基甲酸钠分光光度法	0.010	GB 7474—87
		原子吸收分光光度法(螯合萃取法)	0.001	GB 7475—87
11	锌	原子吸收分光光度法	0.05	GB 7475—87
12	氟化物	氟试剂分光光度法	0.05	GB 7483—87
		离子选择电极法	0.05	GB 7484—87
		离子色谱法	0.02	HJ/T 84—2001
13	硒	2,3-二氨基萘荧光法	0.00025	GB 11902—89
		石墨炉原子吸收分光光度法	0.003	GB/T 15505—1995
14	砷	二乙基二硫代氨基甲酸银分光光度法	0.007	GB 7485—87
		冷原子荧光法	0.00006	①
15	汞	冷原子吸收分光光度法	0.00005	GB 7468—87
		冷原子荧光法	0.00005	①
16	镉	原子吸收分光光度法(螯合萃取法)	0.001	GB 7475—87
17	铬(六价)	二苯碳酰二肼分光光度法	0.004	GB 7467—87
18	铅	原子吸收分光光度法(螯合萃取法)	0.01	GB 7475—87
19	氰化物	异烟酸-吡唑啉酮比色法	0.004	GB 7487—87
		吡啶-巴比妥酸比色法	0.002	

序号	项目	分析方法	最低检出限/(mg/L)	方法来源
20	挥发酚	蒸馏后4-氨基安替比林 分光光度法	0.002	GB 7490—87
21	石油类	红外分光光度法	0.01	GB/T 16488—1996
22	阴离子表面活性剂	亚甲蓝分光光度法	0.05	GB 7494—87
23	硫化物	亚甲基蓝分光光度法	0.005	GB/T 16489—1996
		直接显色分光光度法	0.004	GB/T 17133—1997
24	粪大肠菌群	多管发酵法、滤膜法		①

注：暂采用下列分析方法，待国家方法标准发布后，执行国家标准。
①《水和废水监测分析方法（第三版）》，中国环境科学出版社，1989年。

表5　集中式生活饮用水地表水源地补充项目分析方法

序号	项目	分析方法	最低检出限/(mg/L)	方法来源
1	硫酸盐	重量法	10	GB 11899—89
		火焰原子吸收分光光度法	0.4	GB 13196—91
		铬酸钡光度法	8	①
		离子色谱法	0.09	HJ/T 84—2001
2	氯化物	硝酸银滴定法	10	GB 11896—89
		硝酸汞滴定法	2.5	①
		离子色谱法	0.02	HJ/T 84—2001
3	硝酸盐	酚二磺酸分光光度法	0.02	GB 7480—87
		紫外分光光度法	0.08	①
		离子色谱法	0.08	HJ/T 84—2001
4	铁	火焰原子吸收分光光度法	0.03	GB 11911—89
		邻菲啰啉分光光度法	0.03	①
5	锰	高碘酸钾分光光度法	0.02	GB 11906—89
		火焰原子吸收分光光度法	0.01	GB 11911—89
		甲醛肟光度法	0.01	①

注：暂采用下列分析方法，待国家方法标准发布后，执行国家标准。
①《水和废水监测分析方法（第三版）》，中国环境科学出版社，1989年。

表6 集中式生活饮用水地表水源地特定项目分析方法

序号	项目	分析方法	最低检出限/(mg/L)	方法来源
1	三氯甲烷	顶空气相色谱法	0.0003	GB/T 17130—1997
		气相色谱法	0.0006	①
2	四氯化碳	顶空气相色谱法	0.00005	GB/T 17130—1997
		气相色谱法	0.0003	①
3	三溴甲烷	顶空气相色谱法	0.001	GB/T 17130—1997
		气相色谱法	0.006	①
4	二氯甲烷	顶空气相色谱法	0.0087	①
5	1,2-二氯乙烷	顶空气相色谱法	0.0125	①
6	环氧氯丙烷	气相色谱法	0.02	①
7	氯乙烯	气相色谱法	0.001	①
8	1,1-二氯乙烯	吹出捕集气相色谱法	0.000018	①
9	1,2-二氯乙烯	吹出捕集气相色谱法	0.000012	①
10	三氯乙烯	顶空气相色谱法	0.0005	GB/T 17130—1997
		气相色谱法	0.003	①
11	四氯乙烯	顶空气相色谱法	0.0002	GB/T 17130—1997
		气相色谱法	0.0012	①
12	氯丁二烯	顶空气相色谱法	0.002	①
13	六氯丁二烯	气相色谱法	0.00002	①
14	苯乙烯	气相色谱法	0.01	①
15	甲醛	乙酰丙酮分光光度法	0.05	GB 13197—91
		4-氨基-3-联氨-5-巯基-1,2,4-三氮杂茂（AHMT）分光光度法	0.05	①
16	乙醛	气相色谱法	0.24	①
17	丙烯醛	气相色谱法	0.019	①
18	三氯乙醛	气相色谱法	0.001	①
19	苯	液上气相色谱法	0.005	GB 11890—89
		顶空气相色谱法	0.00042	①

序号	项目	分析方法	最低检出限 /(mg/L)	方法来源
20	甲苯	液上气相色谱法	0.005	GB 11890—89
		二硫化碳萃取气相色谱法	0.05	
		气相色谱法	0.01	①
21	乙苯	液上气相色谱法	0.005	GB 11890-89
		二硫化碳萃取气相色谱法	0.05	
		气相色谱法	0.01	①
22	二甲苯	液上气相色谱法	0.005	GB 11890-89
		二硫化碳萃取气相色谱法	0.05	
		气相色谱法	0.01	①
23	异丙苯	顶空气相色谱法	0.0032	①
24	氯苯	气相色谱法	0.01	HJ/T 74—2001
25	1,2-二氯苯	气相色谱法	0.002	GB/T 17131—1997
26	1,4-二氯苯	气相色谱法	0.005	GB/T 17131—1997
27	三氯苯	气相色谱法	0.00004	①
28	四氯苯	气相色谱法	0.00002	①
29	六氯苯	气相色谱法	0.00002	①
30	硝基苯	气相色谱法	0.0002	GB 13194—91
31	二硝基苯	气相色谱法	0.2	①
32	2,4-二硝基甲苯	气相色谱法	0.0003	GB 13194—91
33	2,4,6-三硝基甲苯	气相色谱法	0.1	①
34	硝基氯苯	气相色谱法	0.0002	GB 13194—91
35	2,4-二硝基氯苯	气相色谱法	0.1	①
36	2,4-二氯苯酚	电子捕获-毛细色谱法	0.0004	①
37	2,4,6-三氯苯酚	电子捕获-毛细色谱法	0.00004	①
38	五氯酚	气相色谱法	0.00004	GB 8972—88
		电子捕获-毛细色谱法	0.000024	①
39	苯胺	气相色谱法	0.002	①

序号	项目	分析方法	最低检出限/(mg/L)	方法来源
40	联苯胺	气相色谱法	0.0002	②
41	丙烯酰胺	气相色谱法	0.00015	①
42	丙烯腈	气相色谱法	0.10	①
43	邻苯二甲酸二丁酯	液相色谱法	0.0001	HJ/T 72—2001
44	邻苯二甲酸二(2-乙基己基)酯	气相色谱法	0.0004	①
45	水合肼	对二甲氨基苯甲醛直接分光光度法	0.005	①
46	四乙基铅	双硫腙比色法	0.0001	①
47	吡啶	气相色谱法	0.031	GB/T 14672—93
		巴比土酸分光光度法	0.05	①
48	松节油	气相色谱法	0.02	①
49	苦味酸	气相色谱法	0.001	①
50	丁基黄原酸	铜试剂亚铜分光光度法	0.002	①
51	活性氯	N,N-二乙基对苯二胺(DPD)分光光度法	0.01	①
		3,3′,5,5′-四甲基联苯胺比色法	0.005	①
52	滴滴涕	气相色谱法	0.0002	GB 7492—87
53	林丹	气相色谱法	4×10^{-6}	GB 7492—87
54	环氧七氯	液液萃取气相色谱法	0.000083	①
55	对硫磷	气相色谱法	0.00054	GB 13192—91
56	甲基对硫磷	气相色谱法	0.00042	GB 13192—91
57	马拉硫磷	气相色谱法	0.00064	GB 13192—91
58	乐果	气相色谱法	0.00057	GB 13192—91
59	敌敌畏	气相色谱法	0.00006	GB 13192—91
60	敌百虫	气相色谱法	0.000051	GB 13192—91
61	内吸磷	气相色谱法	0.0025	①
62	百菌清	气相色谱法	0.0004	①
63	甲萘威	高效液相色谱法	0.01	①

序号	项目	分析方法	最低检出限 /(mg/L)	方法来源
64	溴氰菊酯	气相色谱法	0.0002	①
		高效液相色谱法	0.002	①
65	阿特拉津	气相色谱法		②
66	苯并[a]芘	乙酰化滤纸层析荧光分光光度法	4×10^{-6}	GB 11895—89
		高效液相色谱法	1×10^{-6}	GB 13198—91
67	甲基汞	气相色谱法	1×10^{-8}	GB/T 17132—1997
68	多氯联苯	气相色谱法		②
69	微囊藻毒素-LR	高效液相色谱法	0.00001	①
70	黄磷	钼-锑-抗分光光度法	0.0025	①
71	钼	无火焰原子吸收分光光度法	0.00231	①
72	钴	无火焰原子吸收分光光度法	0.00191	①
73	铍	铬菁 R 分光光度法	0.0002	HJ/T 58—2000
		石墨炉原子吸收分光光度法	0.00002	HJ/T 59—2000
		桑色素荧光分光光度法	0.0002	①
74	硼	姜黄素分光光度法	0.02	HJ/T 49—1999
		甲亚胺-H 分光光度法	0.2	①
75	锑	氢化原子吸收分光光度法	0.00025	①
76	镍	无火焰原子吸收分光光度法	0.00248	①
77	钡	无火焰原子吸收分光光度法	0.00618	①
78	钒	钽试剂(BPHA)萃取分光光度法	0.018	GB/T 15503—1995
		无火焰原子吸收分光光度法	0.00698	①
79	钛	催化示波极谱法	0.0004	①
		水杨基荧光酮分光光度法	0.02	①
80	铊	无火焰原子吸收分光光度法	4×10^{-6}	①

注：暂采用下列分析方法，待国家方法标准发布后，执行国家标准。
① 《生活饮用水卫生规范》，中华人民共和国卫生部，2001 年。
② 《水和废水标准检验法（第 15 版）》，中国建筑工业出版社，1985 年。

附录 5 城镇污水处理厂污染物排放标准 (GB 18918—2002)

1 范围

本标准规定了城镇污水处理厂出水、废气排放和污泥处置(控制)的污染物限值。

本标准适用于城镇污水处理厂出水、废气排放和污泥处置(控制)的管理。

居民小区和工业企业内独立的生活污水处理设施污染物的排放管理,也按本标准执行。

2 规范性引用文件

下列标准中的条文通过本标准的引用即成为本标准的条文,与本标准同效。

GB 3838 地表水环境质量标准

GB 3097 海水水质标准

GB 3095 环境空气质量标准

GB 4284 农用污泥中污染物控制标准

GB 8978 污水综合排放标准

GB 12348 工业企业厂界噪声标准

GB 16297 大气污染物综合排放标准

HJ/T 55 大气污染物无组织排放监测技术导则

当上述标准被修订时,应使用其最新版本。

3 术语和定义

3.1 城镇污水 (municipal wastewater)

指城镇居民生活污水,机关、学校、医院、商业服务机构及各种公共设施排水,以及允许排入城镇污水收集系统的工业废水和初期雨水等。

3.2 城镇污水处理厂 (municipal wastewater treatment plant)

指对进入城镇污水收集系统的污水进行净化处理的污水处理厂。

3.3 一级强化处理 (enhanced primary treatment)

在常规一级处理(重力沉降)基础上,增加化学混凝处理、机械过滤或不完全生物处理等,以提高一级处理效果的处理工艺。

4 技术内容

4.1 水污染物排放标准

4.1.1 控制项目及分类

4.1.1.1 根据污染物的来源及性质,将污染物控制项目分为基本控制项目和选择控制项目两类。基本控制项目主要包括影响水环境和城镇污水处理厂一般处理工艺可以去除的常规污染物，以及部分一类污染物，共 19 项。选择控制项目包括对环境有较长期影响或毒性较大的污染物，共计 43 项。

4.1.1.2　基本控制项目必须执行。选择控制项目，由地方环境保护行政主管部门根据污水处理厂接纳的工业污染物的类别和水环境质量要求选择控制。

4.1.2　标准分级

根据城镇污水处理厂排入地表水域环境功能和保护目标，以及污水处理厂的处理工艺，将基本控制项目的常规污染物标准值分为一级标准、二级标准、三级标准。一级标准分为 A 标准和 B 标准。一类重金属污染物和选择控制项目不分级。

4.1.2.1　一级标准的 A 标准是城镇污水处理厂出水作为回用水的基本要求。当污水处理厂出水引入稀释能力较小的河湖作为城镇景观用水和一般回用水等用途时，执行一级标准的 A 标准。

4.1.2.2　城镇污水处理厂出水排入 GB 3838 地表水Ⅲ类功能水域（划定的饮用水源保护区和游泳区除外）、GB 3097 海水二类功能水域和湖、库等封闭或半封闭水域时，执行一级标准的 B 标准。

4.1.2.3　城镇污水处理厂出水排入 GB 3838 地表水Ⅳ、Ⅴ类功能水域或 GB 3097 海水三、四类功能海域，执行二级标准。

4.1.2.4　非重点控制流域和非水源保护区的建制镇的污水处理厂，根据当地经济条件和水污染控制要求，采用一级强化处理工艺时，执行三级标准。但必须预留二级处理设施的位置，分期达到二级标准。

4.1.3　标准值

4.1.3.1　城镇污水处理厂水污染物排放基本控制项目，执行表 1 和表 2 的规定。

4.1.3.2　选择控制项目按表 3 的规定执行。

4.1.4　取样与监测

4.1.4.1　水质取样在污水处理厂处理工艺末端排放口。在排放口应设污水水量自动计量装置、自动比例采样装置，pH、水温、COD 等主要水质指标应安装在线监测装置。

4.1.4.2　取样频率为至少每 2h 一次，取 24h 混合样，以日均值计。

4.1.4.3　监测分析方法按表 7（略）或国家环境保护总局认定的替代方法、等效方法执行。

4.2　大气污染物排放标准

4.2.1　标准分级

根据城镇污水处理厂所在地区的大气环境质量要求和大气污染物治理技术和设施条件，将标准分为三级。

4.2.1.1　位于 GB 3095 一类区的所有（包括现有和新建、改建、扩建）城镇污水处理厂，自本标准实施之日起，执行一级标准。

表 1 基本控制项目最高允许排放浓度（日均值）

序号	基本控制项目		一级标准		二级标准	三级标准
			A 标准	B 标准		
1	化学需氧量(COD)/(mg/L)		50	60	100	$120^{①}$
2	生化需氧量(BOD_5)/(mg/L)		10	20	30	$60^{①}$
3	悬浮物(SS)/(mg/L)		10	20	30	50
4	动植物油/(mg/L)		1	3	5	20
5	石油类/(mg/L)		1	3	5	15
6	阴离子表面活性剂/(mg/L)		0.5	1	2	5
7	总氮(以 N 计)/(mg/L)		15	20	—	—
8	氨氮(以 N 计)/(mg/L)^{②}		5(8)	8(15)	25(30)	—
9	总磷(以 P 计)/(mg/L)	2005 年 12 月 31 日前建设的	1	1.5	3	5
		2006 年 1 月 1 日起建设的	0.5	1	3	5
10	色度(稀释倍数)		30	30	40	50
11	pH		6～9			
12	粪大肠菌群数/(个/L)		10^3	10^4	10^4	—

① 下列情况下按去除率指标执行：当进水 COD 大于 350mg/L 时，去除率应大于 60%；BOD 大于 160mg/L 时，去除率应大于 50%。

② 括号外数值为水温＞12℃时的控制指标，括号内数值为水温≤12℃时的控制指标。

表 2 部分一类污染物最高允许排放浓度（日均值）　　单位：mg/L

序号	项目	标准值
1	总汞	0.001
2	烷基汞	不得检出
3	总镉	0.01
4	总铬	0.1
5	六价铬	0.05
6	总砷	0.1
7	总铅	0.1

表3 选择控制项目最高允许排放浓度（日均值）　　　单位：mg/L

序号	选择控制项目	标准值	序号	选择控制项目	标准值
1	总镍	0.05	23	三氯乙烯	0.3
2	总铍	0.002	24	四氯乙烯	0.1
3	总银	0.1	25	苯	0.1
4	总铜	0.5	26	甲苯	0.1
5	总锌	1.0	27	邻二甲苯	0.4
6	总锰	2.0	28	对二甲苯	0.4
7	总硒	0.1	29	间二甲苯	0.4
8	苯并[a]芘	0.00003	30	乙苯	0.4
9	挥发酚	0.5	31	氯苯	0.3
10	总氰化物	0.5	32	1,4-二氯苯	0.4
11	硫化物	1.0	33	1,2-二氯苯	1.0
12	甲醛	1.0	34	对硝基氯苯	0.5
13	苯胺类	0.5	35	2,4-二硝基氯苯	0.5
14	总硝基化合物	2.0	36	苯酚	0.3
15	有机磷农药(以P计)	0.5	37	间甲酚	0.1
16	马拉硫磷	1.0	38	2,4-二氯酚	0.6
17	乐果	0.5	39	2,4,6-三氯酚	0.6
18	对硫磷	0.05	40	邻苯二甲酸二丁酯	0.1
19	甲基对硫磷	0.2	41	邻苯二甲酸二辛酯	0.1
20	五氯酚	0.5	42	丙烯腈	2.0
21	三氯甲烷	0.3	43	可吸附有机卤化物（AOX,以Cl计）	1.0
22	四氯化碳	0.03			

4.2.1.2　位于 GB 3095 二类区和三类区的城镇污水处理厂，分别执行二级标准和三级标准。其中 2003 年 6 月 30 日之前建设（包括改、扩建）的城镇污水处理厂，实施标准的时间为 2006 年 1 月 1 日；2003 年 7 月 1 日起新建（包括改、扩建）的城镇污水处理厂，自本标准实施之日起开始执行。

4.2.1.3　新建（包括改、扩建）城镇污水处理厂周围应建设绿化带，并设有一定的防护距离，防护距离的大小由环境影响评价确定。

4.2.2 标准值

城镇污水处理厂废气的排放标准值按表4的规定执行。

表 4　厂界（防护带边缘）废气排放最高允许浓度

序号	控制项目	一级标准	二级标准	三级标准
1	氨/(mg/m³)	1.0	1.5	4.0
2	硫化氢/(mg/m³)	0.03	0.06	0.32
3	臭氧浓度(无量纲)	10	20	60
4	甲烷(厂区最高体积浓度)/%	0.5	1	1

4.2.3 取样与监测

4.2.3.1　氨、硫化氢、臭气浓度监测点设于城镇污水处理厂厂界或防护带边缘的浓度最高点；甲烷监测点设于厂区内浓度最高点。

4.2.3.2　监测点的布置方法与采样方法按 GB 16297 中附录 C 和 HJ/T 55 的有关规定执行。

4.2.3.3　采样频率，每2h采样一次，共采集4次，取其最大测定值。

4.2.3.4　监测分析方法按表8（略）执行。

4.3 污泥控制标准

4.3.1　城镇污水处理厂的污泥应进行稳定化处理，稳定化处理后应达到表5的规定。

表 5　污泥稳定化控制指标

稳定化方法	控制项目	控制标准
厌氧消化	有机物降解率/%	＞40
好氧消化	有机物降解率/%	＞40
好氧堆肥	含水率/%	＜65
	有机物降解率/%	＞50
	蛔虫卵死亡率/%	＞95
	粪大肠菌群菌值	＞0.01

4.3.2　城镇污水处理厂的污泥应进行污泥脱水处理，脱水后污泥含水率应小于80%。

4.3.3　处理后的污泥进行填埋处理时，应达到安全填埋的相关环境保护要求。

4.3.4　处理后的污泥农用时，其污染物含量应满足表6的要求。其施用条件须符合 GB 4284 的有关规定。

表 6　污泥农用时污染物控制标准限值

序号	控制项目	最高允许含量(以干污泥质量计)	
		在酸性土壤上 (pH＜6.5)	在中性和碱性土壤上 (pH≥6.5)
1	总镉/(mg/kg)	5	20
2	总汞/(mg/kg)	5	15
3	总铅/(mg/kg)	300	1000
4	总铬/(mg/kg)	600	1000
5	总砷/(mg/kg)	75	75
6	总镍/(mg/kg)	100	200
7	总锌/(mg/kg)	2000	3000
8	总铜/(mg/kg)	800	1500
9	硼/(mg/kg)	150	150
10	石油类/(mg/kg)	3000	3000
11	苯并[a]芘/(mg/kg)	3	3
12	多氯代二苯并二噁英/多氯代二苯 并呋喃(PCDD/PCDF)(ng/kg, 以干污泥计)	100	100
13	可吸附有机卤化物(AOX) (以 Cl 计)/(mg/kg)	500	500
14	多氯联苯(PCB)/(mg/kg)	0.2	0.2

4.3.5　取样与监测

4.3.5.1　取样方法，采用多点取样，样品应有代表性，样品质量不小于 1kg。

4.3.5.2　监测分析方法按照表 9（略）执行。

4.4　城镇污水处理厂噪声控制按 GB 12348 执行。

4.5　城镇污水处理厂的建设（包括改、扩建）时间以环境影响评价报告书批准的时间为准。

5　其他规定

城镇污水处理厂出水作为水资源用于农业、工业、市政、地下水回灌等方面不同用途时，还应达到相应的用水水质要求，不得对人体健康和生态环境造成不利影响。

6　标准的实施与监督

6.1　本标准由县级以上人民政府环境保护行政主管部门负责监督实施。

6.2　省、自治区、直辖市人民政府对执行国家污染物排放标准不能达到本地区环境功能要求时，可以根据总量控制要求和环境影响评价结果制定严于本标准的地方污染物排放标准，并报国家环境保护行政主管部门备案。

参 考 文 献

[1] HJ 164—2020. 地下水环境监测技术规范.

[2] HJ 493—2009. 水质 样品的保存和管理技术规定.

[3] HJ 495—2009. 水质 采样方案设计技术规定.

[4] HJ 494—2009. 水质 采样技术指导.

[5] HJ 91.2—2022. 地表水环境质量监测技术规范.

[6] GB 11901—89. 水质 悬浮物的测定 重量法.

[7] HJ 828—2017. 水质 化学需氧量的测定 重铬酸盐法.

[8] GB 7489—87. 水质 溶解氧的测定 碘量法.

[9] GB 3838—2002. 地表水环境质量标准.

[10] GB 18918—2002. 城镇污水处理厂污染物排放标准.

[11] 周超超, 谭文发, 张宇, 等. 基于工程教育认证的水污染控制工程实验教学改革与实践 [J]. 广州化工, 2022, 50 (11): 171-173.

[12] 曾洁, 李莉, 高俊敏, 等. "污水处理工程综合实验"混合式开放教学实践 [J]. 教育教学论坛, 2022 (19): 57-60.

[13] 蒋萍萍, 游少鸿, 俞果. 水污染控制工程实验课的课程思政教学思考 [J]. 科教导刊, 2022 (6): 97-99.

[14] 李海松, 万俊锋. 新时期《水污染控制工程》课程教学改革与工程实践探索 [J]. 广东化工, 2022, 49 (3): 207-208, 224.

[15] 孙华. 水生植物在水污染控制中的作用: 评《水污染控制工程实验》[J]. 人民黄河, 2022, 44 (2): 164.

[16] 田玉萍. "水污染控制工程及实验"课程思政教学探讨 [J]. 西部素质教育, 2022, 8 (3): 32-34.

[17] 俞果, 游少鸿, 蒋萍萍. 地方高校环境工程专业虚拟仿真实验教学模式改革与实践 [J]. 大学, 2022 (2): 97-100.

[18] 谢莹莹. 以成果为导向的水污染控制工程实验教学改革 [J]. 教育教学论坛, 2021 (51): 90-93.

[19] 崔玉虹, 刘正乾, 付四立, 等. 新工科背景下线上线下实验实践教学体系探索: 以水污染控制工程课为例 [J]. 高教学刊, 2021, 7 (S1): 68-70, 74.

[20] 宁欣, 陈文静, 杨艳菊, 等. 课堂教学与实践教学有机结合模式的探索: 以"水污染控制工程"课程为例 [J]. 广东化工, 2021, 48 (20): 314-315.